化学で世界はすべて読み解ける

人類史、生命、暮らしのしくみ

左巻健男

SB新書
631

はじめに　読者のみなさんへ

みなさんは学校の化学にどんな印象をお持ちでしょうか?

高校の理科で、化学は生物と並んで選択者が多いです。しかし、理論や計算があり、化学式や物質の性質や反応など覚えることもたくさんあって、興味を持てない人も多かったことでしょう。内容に実感がわきにくい、分かったという気持ちにならない、生活や人生に無関係で学校から出れば不要な知識だなど、そこにはたくさんの理由があるかもしれません。

化学とは、どのような学問なのでしょうか?

一言で言うと、化学は物質を研究する学問です。

例えばコップには、ガラス製のもの、紙製のもの、金属製のものなどがありますが、コップという物体をつくっている材料に注目した場合、その材料を「物質」といいます。

つまり、「物質とは物の材料」ということができます。

化学は、物が「何からできているか（どんな物質からできているか）」という材料に注目した見方をするのです。

物質は、「化学物質」ということもあります。化学物質というと、何か恐ろしげなイメージを持つ人がいるかもしれません。

しかし、化学物質とは、私たち人間はもちろん、まわりの空気、水、食べ物、衣服、建築物、土、岩石などあらゆる物をつくっている物質のことなのです。

その物質がどのような性質を持っているのか、さらに「原子・分子」などがその物質の中で、どのような結びつきをしているかを研究すること、これも化学です。

物質をつくっている原子の結びつき方が変わり、今までとは違った新しい物質ができ上がる変化、これが化学変化です。化学変化は「新しい物質ができる」、つまり

「物質が化ける」変化です。

身近なところで、台所を見渡してみましょう。

そこには水や空気はもちろん、米や野菜や魚や肉などの食品、食塩や砂糖などの調味料、蛇口、鍋や包丁やスプーンなどの金属、食器やコップなどの陶磁器（セラミックス）やガラス、プラスチック類、都市ガスあるいはプロパンガスなどの燃料などがあります。これらは、すべて物質です。そして、物質はみんな「元素」からできています。元素の実体は「原子」です。

これらの物質は、どんな性質を持っているでしょうか？ガスが燃えるとき、食品を煮たり焼いたりするとき、どんなことが起こっているのでしょうか？

身近な物質にこうした問いかけをすることで、もっともっと物質についての興味や関心が深まっていくのではないでしょうか？

本書は、2022年春にNHK文化センター青山教室で行われた「歴史と暮らしを変えた化学」の講座内容（化学の発見がどう生活を変えたのか、化学者のエピソードなどを交えながら解説）を土台にしました。

拙著『絶対に面白い化学入門　世界史は化学でできている』（ダイヤモンド社）をメインの参考文献にしての語りでしたが、本書では大きく加除や再構成をしてまとめました。

私は本書で、化学の発見そのもの、エピソード、歴史との関係、暮らしとの関係を大切にして、化学への興味・関心へ誘いたいと思っています。

左巻健男

化学で世界はすべて読み解ける　人類史、生命、暮らしのしくみ　目次

第1章 水

「氷は0℃」と思っていませんか？

第2章

水と衛生

古代ローマ人のお風呂愛はお湯より熱かった!?

第3章

火

「大気」と「空気」はどう違う?

第4章 金属

小魚にはカルシウムは含まれていない!?

第5章 セラミックス

粘土を焼くと、なぜ硬い土器になるの？

第6章 ガラス
クレオパトラもガラスビーズを眺めていた?

第9章

医薬品

使いすぎるとどの抗生物質も効かなくなるって、ホント？

第10章

農薬

世界80億人の命を、化学肥料が支えている?

第11章

合成繊維

ストッキングの糸は、細いのになぜ強いのか?

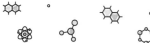

第12章 プラスチック

紙おむつの吸収力がすごいのはどうして？

第13章

石油

石油、ガソリン、灯油、軽油、重油……違いは何？

第1章

水

「氷は0℃」と思っていませんか？

水の色は何色?

地球は表面の約70%が水でおおわれていて、水に満ちているので、「水の惑星」と呼ばれています。

水は浅いと無色透明です。無色透明なのは、太陽の光が全部向こう側に通り抜けるからです。

太陽光は白く見えますが、虹の7色「赤・橙《だいだい》・黄・緑・青・藍《あい》・紫」が混ざり合ったものです。アメリカやイギリスでは藍色がない6色としているなど、国によって虹の色に違いがあります。それらの色のうち、赤い光は、わずかですが水に吸収されます。浅い水では、その影響が非常に小さいので無色透明なのです。

ところが水が深くなると、赤い光が水に吸収され、残りの光が合わさって青色の光になり、水の中を進んでいきます。つまり、海のような深い水では、青色の光だけが海の水に吸収されないで水の中の物質(ごみやプランクトンなど)によって散乱し、私たちの目に届きます。それで私たちの目には、海が青く見えるのです。

地球上の「淡水」の割合はどのくらい？

地球の表面と大気にある水の量は、14億立方キロメートル（重さで１兆トンの１４０万倍）と推定されています。その97％以上が海水（塩水）です。

淡水は、地球の水全体の３％未満しかありません。しかも、そのほとんどは、南極、グリーンランドなどにある陸上の氷です。地下水、河川や湖沼などの淡水はごくわずかです。

海水は塩分を大きく減らさないと、人が飲むにも植物への水やりにも使えません。海水から塩分を減らすには莫大《ばくだい》な費用がかかるので、私たちが家庭や工業・農業で利用できる水は、地下水、河川や湖沼など淡水ということになります。

海水も淡水も循環している水の一部です。太陽光が海水に当たると、海水から水が蒸発して水蒸気になり、大気中に含まれます。水蒸気は、雨や雪に姿を変えて、地上に降り注ぎます。そして、最終的には海に流れ込んでいきます。

こうした水の循環があるので、私たちは淡水を使うことができるのです。

「氷は0℃」と思っていませんか？

水は、私たちの生活する温度範囲（常温）で、固体、液体、気体の３つの状態を見せてくれる物質です。

常温はＪＩＳ（日本産業規格）では20℃±15℃（5〜35℃）の範囲とされています。本書では20℃付近とします。

水は、１気圧のもとで、融点（凝固点）は0℃、沸点は１００℃です。水の融点と沸点から、摂氏温度の目盛りが決められています。

マイナス18℃の冷蔵庫の冷凍室でつくられた氷は、冷凍室内で何℃でしょうか？「氷は0℃」と思っていませんか？

マイナス18℃の場所では、氷はマイナス18℃になります。それを取り出して常温に置くと、まわりからの熱で次第に温度が上がっていきます。0℃になると融《と》けはじめます。融け終わるまで0℃です。これは加えられた熱が、氷の水分子間の結合を解いて、分子があちこち動ける液体の水になることに使われるからです。水の分子は、0

℃以下の氷の状態では、まわりの水分子とがっちり結びついていて、それぞれの場所から動けません。0℃の液体の状態になると、それぞれの場所を変えて動けるようになります。したがって、液体の水は容器によって形が変わります。

液体窒素はマイナス196℃という低温です。液体窒素の中に氷を入れておけば、マイナス196℃の氷になります。

沸騰した水から出てくる泡の正体は？

水を鍋などに入れてコンロで加熱すると、次第に温度が上がります。水面からは水蒸気が飛び出す「蒸発」が起こっています。温度が上がるにつれて蒸発が盛んになります。

水の内部を見てみましょう。初めに水の内部から出てくる泡は、水に溶けていた空気です。温度が高くなったため、溶けきれなくなって、泡として出てきたものです。

100℃になると、盛んに内部から泡立ち、沸騰します。沸騰しているときの泡の中身は水蒸気です。沸騰中、水の温度は100℃です。加えられた熱が液体の水分子間の結びつきを切って、ばらばらの水分子（水蒸気）にするために使われるからです。

　水蒸気は目に見えるでしょうか？

　水が沸騰しているやかんの口からは、白い湯気が見えます。実は湯気のまわりには目に見えない水蒸気があります。水蒸気は、ばらばらの水分子がびゅんびゅん飛んでいる状態です。ばらばらの水分子は目に見えません。水蒸気は無色透明で、その分子は見えないのです。倍率1500倍程度の性能のいい光学顕微鏡でも、水の分子は見えません。それに対し、目に見える湯気は、莫大な数の水分子が集まっています。その数は幅がありますが、例えば1京《けい》個です。

水蒸気でマッチに火がつけられる!?

　沸騰している水から出る水蒸気は100℃ですが、その水蒸気をさらに熱すると、温度の高い水蒸気になります。

　水蒸気は100℃どころではなく200℃、300℃を超えるような高い温度にもなります。水蒸気は最高で100℃ではなく、300℃を超える場合もあるのです。

これを「過熱水蒸気」といいます。熱くて乾いた感じの水蒸気です。過熱水蒸気を当てるとマッチに火がつき、紙も焦げ出します。水蒸気でぬれるのでなく、水蒸気で焦げるのです。

私たちは、普段の生活の中で、100℃を超える水蒸気に接する場面はないでしょう。だから「水はぬれやすい」とか「水蒸気はせいぜい100℃までにしかならない」という考えを持っている人が多いのかもしれません。

火力発電所や原子力発電所では、水を熱して「高温高圧の水蒸気」をつくり、この水蒸気を、発電機につながった巨大なタービンに勢いよくぶつけ、タービンを回すことによって電気をつくっています。

最近、身近に過熱水蒸気を使った調理器具が現れました。

2004年、ウォーターオーブン、つまり「水で焼く」という調理器を、シャープが発売しました。これは300℃を超える過熱水蒸気を使う調理器です。300℃はてんぷらをあげる油の温度、約180℃をかなり超えています。

もともと業務用では過熱水蒸気を使う調理器が存在していましたが、家庭用として小型化して販売されたのです。

食品に水蒸気を当てれば結露してぬれますが、過熱水蒸気では食品がぬれた状態になるどころかパリッとカリッと焼けます。ウォーターオーブンの高熱で、食品内部の脂が融け出し、ポタポタと落ちます。

また、調理器内の空気を追い出しますから、初め空気中に21％あった酸素がぐんと減ります。低酸素状態では食品の成分が酸化しにくいので、ビタミンなど酸化に弱い成分を守ることもできます。

最初に販売されたウォーターオーブンは過熱水蒸気のみを利用していましたが、その後は、過熱水蒸気に加えて、マイクロ波の併用、ヒーターの併用、マイクロ波とヒーターの併用など、いろいろな加熱方式を組み合わせています。

氷はなぜ水に浮かぶのか？

水は、自然界にあるいろいろな物質の中で、他とは異なる性質を持っています。最大の特徴は、固体の氷のほうが液体の水よりも、同じ体積で軽いということです。

同体積で比べると、ほとんどの物質は液体のときよりも固体のときのほうが重いのです。例えば、ロウソクのロウ（パラフィンという物質）を加熱して液体にしたものにロウのかたまり（固体）を入れると、ロウのかたまり（固体）は沈みます。

また、常温で唯一液体の金属である水銀を、ドライアイスで冷やして固体水銀にしてから液体の水銀中に入れる、あるいは液体のエタノールを液体窒素で冷やして固体エタノールにして液体エタノールに入れる。するとどちらも、固体がその液体中に沈みます。

これは固体のほうが液体より原子・分子どうしの結びつきが強く、原子・分子間の隙間が小さくなるので、原子・分子がぎっしり詰まり、密度が大きくなるからです。

ところが水は違います。水は液体のときよりも固体のときのほうが軽いのです。

さらに液体の場合、ほとんどの物質は、温度が上がると膨張して軽くなりますが、水は違います。水は、4℃のときに最も重くなるのです。

もしも氷が0℃の水よりも重かったら、まず水面で冷やされてできた氷は、できた

水分子の形と性質

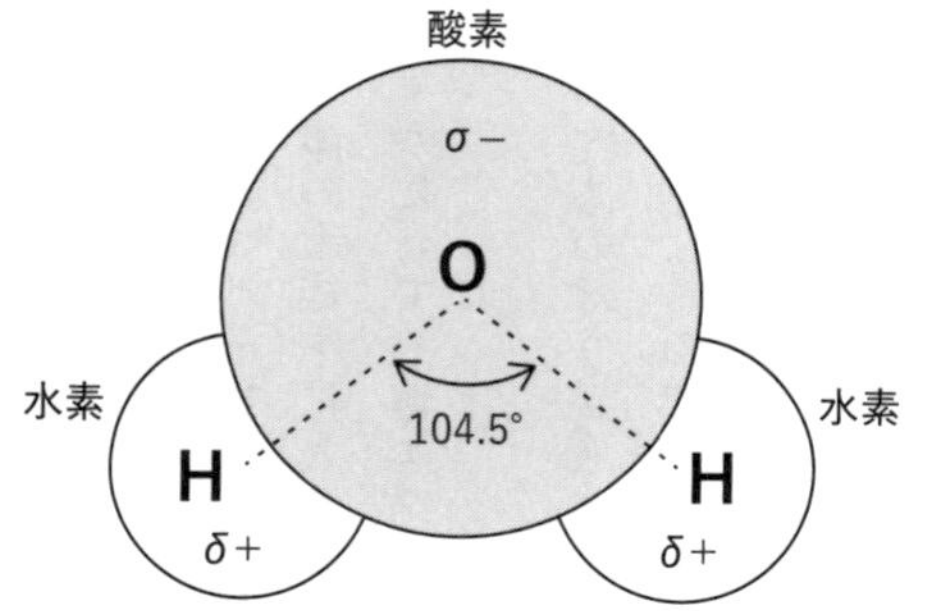

水素原子は δ＋《デルタプラス》（δは小さな値という意味）の電気を帯び、
酸素原子は σ−《シグママイナス》 の電気を帯びている。

途端に底へ沈んでいきます。湖にしろ、川や海でも底が氷でいっぱいになります。

しかし実際はそうではなく、氷は水面上に留《とど》まり続けます。だから水の中の生物は、0℃より気温が低くなっても、氷のカバーに保護されて暮らしていけるのです。

なぜ水は固体のほうが液体よりも、同じ体積で軽いのでしょうか？

これは水分子の結びつき方が原因です。

水分子は酸素原子1個に水素原子2個が結びついています。水素原子2個はある角度（104・5度）をなす折れ線形をしています。

水分子は分子内に電気的な偏りが大きい分子です。すると、ある水分子の水素原子と近

氷の結晶構造

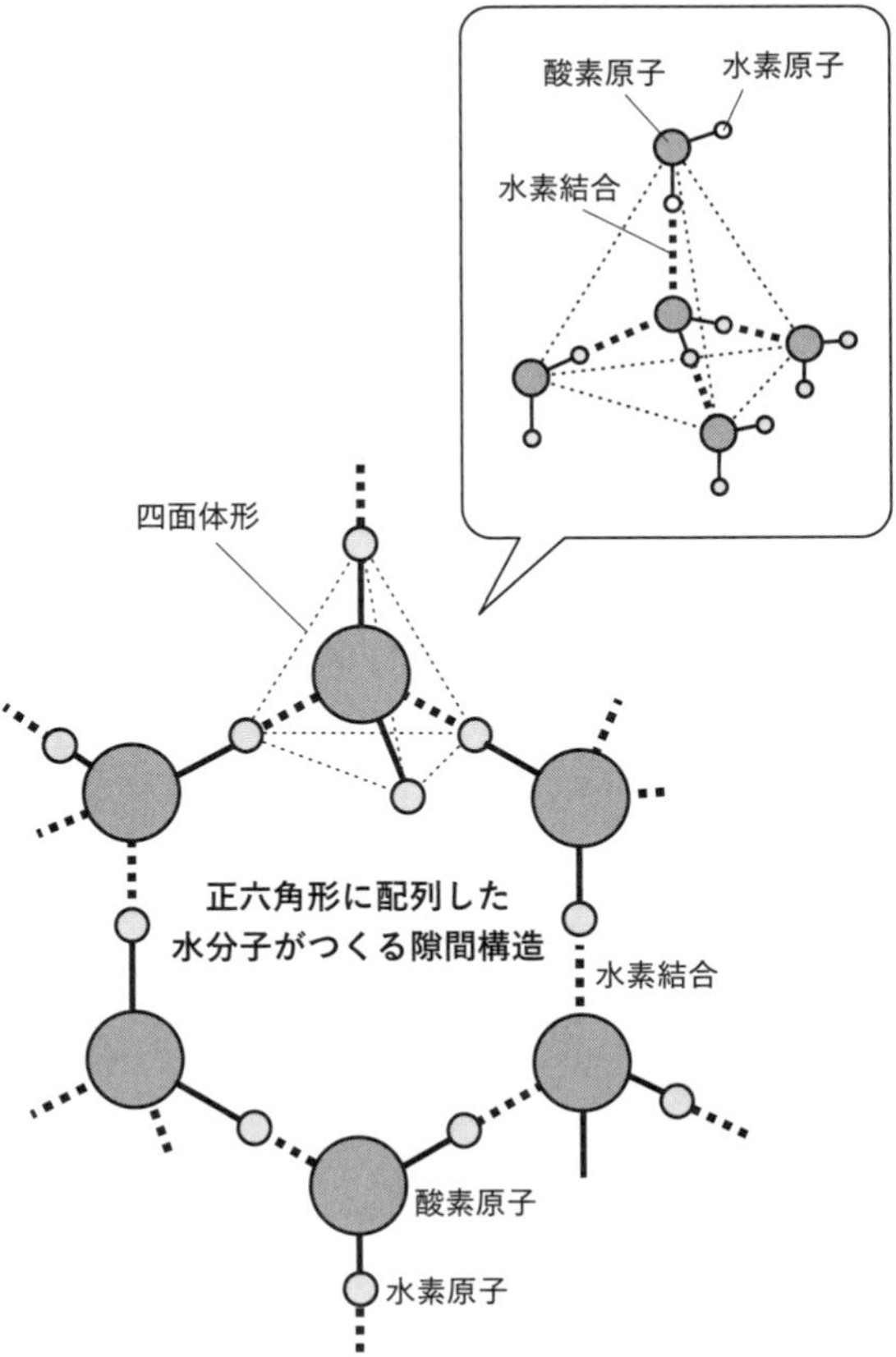

出典：株式会社前川製作所ホームページをもとにSBクリエイティブ株式会社が作成

くの（別の）水分子の酸素原子が、分子どうしで＋電気と－電気の引き合いをします。この結びつきを「水素結合」といいます。水素結合は普通の分子どうしの引き合いより強いです。

普通の氷は、水分子が水素結合で結びついて結晶になっており、この結晶を上から見ると、水分子は六角形の形に並んでいます。雪の結晶もこの構造の集まりですから六角形になります。水素結合のせいで氷は隙間が大きいのです。

液体の水になると水素結合がかなり切れて、水分子が乱雑に動き回るようになります。水素結合がなくなると、水分子間の隙間が埋まって密度は大きくなります。

水はどんなものでも溶かすのか？

水にいろいろな物質を入れてかき混ぜてみましょう。ショ糖（砂糖の主成分）を入れたときは、ショ糖の姿は見えなくなり、無色透明の液体になります。このとき「ショ糖は水に溶けた」といいます。

馬鈴薯《ばれいしょ》デンプンを入れると、水は白くにごります。そしてしばらくすると、デンプンが底に沈澱《ちんでん》してきます。

水に物質を入れたとき、浮いたままだったり、沈澱したり、水がにごったりしている場合は、その物質は水に溶けていないのです。

水は、物質を溶かす能力が大きいです。

雨は、大気中の気体を溶かし込んでいます。川の水は、いろいろな物質を溶かし込みながら海へと流れていきます。海水中には、1リットルあたり約35グラムの塩類が溶けています。金や銀はおろかウランまで、60種以上の元素が溶けています。

私たちの体に目を向けてみましょう。私たちが食べ物を食べると、それに含まれるデンプン、タンパク質、脂肪は、胃や腸で消化・吸収されて水に溶けるようになります。水に溶けるようになった栄養分は、体内に吸収され、血液の流れに乗って、体のすみずみの細胞まで運ばれます。老廃物もまた、水に溶けて尿や汗などとして体の外へ運び出されます。

灯油やガソリン、食用油、脂肪など、有機化合物（炭素を中心にした化合物）は一般に、水に溶けにくいものが多いです。それでも全く溶けないわけではありません。灯油やガソリン、食用油、脂肪なども、わずかですが水に溶けます。

油の仲間どうしは、よく溶け合います。だから水では消えない油性インクの落書きは、アセトンや石油ベンジンなどの有機溶剤で消すことができます。

有機化合物の中でも、エタノールやショ糖などは水によく溶けます。エタノールは水にどんな割合でも溶けますし、ショ糖は20℃で、水100グラムに204グラムも溶けます。これは、それらの分子中に水と仲のいい部分（親水基の -OH〔ヒドロキシ基〕）を持っているからです。

水は、塩類や親水基を持った親水性の物質だけでなく、溶ける量は少なくても、きわめて多種類の物質を溶かします。水にはガラスも溶けるのです。

男性と女性、体内の水分量が多いのはどっち？

栄養分や酸素の運び役として、化学反応の場として、また体温や浸透圧（溶質の濃度が高いほうに水が移動するときに生じる圧力）の調整役として、水は私たちの生命に欠かせない重要な物質です。水は衛生のためだけでなく生きるために絶対的に必要なものなので、人々は定住生活をするようになってからも、きれいな水がある場所の近くに住んだわけです。

20歳の健康な男女を基準に考えると、男性は体重の約60％が水です。女性はそれより多いと思いますか？ 少ないと思いますか？

実は、女性のほうが水分は少なくて、体重の55％ぐらいです。これは男女の筋肉組織と脂肪組織の量の差によっています。

脳、腸、腎臓、筋肉、肝臓などでは、水分は約80％と比較的多いです。しかし、女性に多い脂肪組織（皮下組織）では、水分が約33％と少ないのです。

肉や魚の脂身と赤身（筋肉）を思い出してください。冷凍したものを解凍したとき、水分が出やすいのは脂身ではなく赤身ですね。私たちの体内で、最も大量の水分を蓄えているのは筋肉なのです。

筋肉組織の72％（重量）程度は、水分だといわれています。男性のほうが筋肉質なので、〝みずみずしい〟のです。

私たちは、水がないと死んでしまいます。おそらく、食べ物を食べなくても水を飲んでいれば、3週間ぐらいは生存することができるでしょう。

しかし、水も飲まないと、おそらく数日で死んでしまいます。そのため仏教の僧は断食をしても水は飲んでいます。それだけ水は生命の基本であり、重要な物質なのです。

危険な化学物質「DHMO」の正体は!?

アメリカである学生が、「ジハイドロゲンモノオキサイド（以下、DHMO）」という名前の化学物質の禁止を訴えて、署名活動を行ったという話があります。

「DHMOは無色、無臭、無味です。そして毎年数え切れないほどの人を殺しています。ほとんどの死因はDHMOの偶然の吸入によって引き起こされています。その固体にさらされるだけでも激しい皮膚障害を起こします。

DHMOは酸性雨の主成分であり、温室効果の原因でもあります。

ＤＨＭＯは、今日アメリカの、ほとんどすべての河川、湖および貯水池で発見されています。それだけではありません。汚染は全世界に及んでいます。南極の氷でも発見されています。

アメリカ政府は、この物質の製造、拡散の禁止を拒んでいます。今からでも遅くありません！　さらなる汚染を防ぐために、今、行動しなければなりません」

この活動に、多くの人が署名したといいます。

では、ジハイドロゲンモノオキサイドとは何でしょうか？

実は、一酸化二水素です。化学式で表せばH_2O、つまり、水なのです。

署名活動を行った学生の狙いは、「世の人は、こんな程度だ。もっときちんとした科学教育をしなければならない」と訴えること。水といわずに「ジハイドロゲンモノオキサイド」という一見恐ろしげな名前で呼ぶことでコロリとだまされてしまう人の多さに、警鐘を鳴らしたのです。

確かに水死者は多いですし、水は酸性雨の主成分ですし、水蒸気は大気中の温室効果ガスとして最大の影響を与えています。

化学物質には一見難しそうな、怖そうな名前がついていることがありますが、イメージにだまされず、実体をよく見なければなりませんね。

第2章

水と衛生

古代ローマ人のお風呂愛はお湯より熱かった!?

人類がお風呂に入るようになったのはいつ？

ここから水と衛生の関係についてお話ししましょう。

衛生とは、健康を保ち、病気の予防、治癒をはかることです。

衛生と水の関係では、きれいな水、安全な水が必要です。安全な水を飲むこと、体をきれいな水で洗うこと、大小便をうまく始末すること、伝染病（感染症）の病原体を含む水への対処などです。

まず、入浴文化の移り変わりを見ていきましょう。

入浴は、体の清潔のために体を水に浸すこと。海、川、池などに入る場合も、入浴用の施設（風呂、サウナ、シャワーなど）を使う場合もあります。

入浴は当たり前のことと思うかもしれませんが、ヨーロッパでは入浴が避けられた時代が長く続いたのです。

古代ヒンズー教徒は、肉体を清潔に保つことが戒律にあったため、紀元前3000年頃には、多くの家庭にお風呂の設備があったと考えられています。

例えば、インダス文明の都市遺跡であるモヘンジョダロ遺跡は、焼成《しょうせい》レンガを積み上げてできた城砦《じょうさい》や市街地からなり、沐浴《もくよく》場や上下水道が整えられていました。精巧にできたお風呂は、ギリシアのクレタ島にある青銅器時代最大の遺跡クノッソスのもので、紀元前1700年ぐらいとされています。石の管で給排水する浴槽のお風呂に入っていました。

そこでは、頭上に水槽のある穴便所も使っていました。頭上に水槽があることから、世界最古の水洗便所ではないかと考えられています。雨水を貯《た》め、雨が降らないときには近くの溜《た》め池からバケツで水を汲《く》んで入れるように、設計されていたということです。

紀元前1500年頃には、エジプトの貴族の家に給湯、給水用の銅管が配置されていたということが、遺跡の発掘により明らかになっています。これも宗教儀式上、必要不可欠なしきたりであり、聖職者たちは1日に4回も入浴、おそらく冷水浴をしていました。

宗教的な、いわゆる沐浴の習慣は、非常に長い間ユダヤ人に受け継がれていきます。「肉体の清潔は精神の正常に等しい」ということで、ダビデとソロモンが治めた紀元前1000年から紀元前930年にかけては、パレスチナ中に精巧な水道設備が敷設されていたということです。

古代ローマ人のお風呂愛はお湯より熱かった⁉

紀元前2世紀頃のローマ人は、大規模な公衆浴場施設をつくり、優雅な生活を好んでいました。

このような浴場は社交の場でもありました。そこには庭園があり、売店や図書室、また詩の朗読をするためのラウンジまで完備していました。

今でもカラカラ浴場が残っています。とても大きな浴場で、皇帝カラカラがつくらせた浴場です。そこでは、健康と美容に関する多種多様なサービスを受けることができました。

例えば、巨大な建物の中に、体に油を塗って汚れを落とす部屋や、温かい水、冷水の浴槽やサウナルームもあり、シャンプー、香りつけ、カーリングの髪を整えるコーナーやマニキュアのコーナー、運動をする部屋もありました。

運動し、汗を洗い流し、頭や手足などの手入れをした後、図書室で読書を楽しむこともできれば、講堂に集まって哲学や芸術を論じることもできたそうです。

カラカラ浴場は、一度に２５００人の入場も可能だったといわれています。

どうしてヨーロッパの人たちは、お風呂に入らなくなったのか？

５世紀にローマが滅亡すると、ヨーロッパは中世という時代に変わっていきます。大浴場は壊され、今は修復され観光施設になっていますが、水道橋もかなり破壊されました。その後、中世末期まで入浴や衛生という考え方がなくなる時代が来るわけです。

それはなぜなのでしょうか？

１つの原因は、キリスト教が権力と一体化し、キリスト教の戒律が人々の生活に大きな影響を与えたことです。当時のキリスト教は厳格で、「いかなる肉欲もできる限り制すべきである。全身浴というお風呂で裸になることは、肉体を完全にさらし、誘惑に身を委ねることになるから罪深いことである」という教えが、ヨーロッパのほぼ全域に広がりました。そのため、全身を水に浸すのは、洗礼を受けるときぐらいで、その後は無縁になるわけです。

そうすると、人々は滅多に全身浴することがなくなりますから、体がとても臭くなります。それで香水が発達したのですが、香水を使うことができたのは、金持ちだけ。庶民はみんな、それぞれの体から悪臭を発することになりました。

公衆浴場や自分の家の風呂にかかわらず、入浴することがなくなってくると、家の中にお風呂をつくろうなどという考えも消えうせます。そして社会のあらゆる階層で、屋外の便所・野外の穴や溝便所・寝室用の便器（しびん）が、当たり前になっていきました。キリスト教の厳格さが、衛生観念の息の根を止めたといってもよいでしょう。

その後、何百年もの間、病気は日常茶飯事になり、いくつもの町や村が伝染病によって滅ぼされていきます。

そんな中、１５００年代に宗教改革が起こるのですが、衛生観念を無視する点は変わらなかったといいます。

宗教改革によってキリスト教は、大きくプロテスタントとカトリックに分かれました。しかし両者は「相手より自分のほうが肉欲を抑制している」ということで競い合います。そして共に「入浴はとても罪深いものだ」と主張しました。

そのため、一生の間、石鹸《せっけん》や水に肌をさらさない人々が、大多数になっていきました。２０００年前、古代ローマ帝国では当たり前に発達していた入浴設備は無視され、無きに等しい存在になってしまったわけです。

ヴェルサイユ宮殿には、トイレがない!?

中世のヨーロッパでは、宮殿においてさえ、同様の衛生状態でした。当時、フランスの雑誌が次のような記事を書いています。

「パリはひどい。道路には嫌な臭いが立ち込め、外出もできない。道行く大勢の人々は悪臭を放ち、その臭いこと。とても耐えられない」

当時、排泄《はいせつ》物は瓶に溜められていました。

では、それをどう処理していたのでしょうか？

それを処理する業者もいたそうですが、お金が払えない家は、何と夜間、暗闇に乗じて2階などから道路に中身を捨てていたのです。

17世紀にヴェルサイユ宮殿がつくられます。そこにはフランス国王と一族、王侯貴族、臣下や召使いなど約3000人が住むことになります。

ヴェルサイユ宮殿の初期建設工事では、トイレやバスルームにも、水道設備は敷設されていませんでした。

汚物が下の受け皿に溜まる腰かけ式便器が使用されていましたが、200〜300個ぐらいしかなく、何千人もお客が来るようなイベントの場合には全く足りません。

そうすると、あらゆるところが排泄場になってしまうわけです。

ヴェルサイユ宮殿には、豪華な庭園がありましたが、その庭園が排泄場になってしまいました。

大きなイベントがヴェルサイユ宮殿で行われるとき、一部の参加者は召使いに、用を足す「おまる」という携帯用便器を持たせて参加しました。便器に溜まった汚物は、召使いたちが庭に捨てていました。

そこで怒ったのは、庭園を管理している庭師でした。彼らは「立ち入り禁止」の札を立て、人が庭園に入らないようにしてしまいました。「立ち入り禁止」の札を、フランス語でエチケット（etiquette）といいました。そこからエチケットが、今のような広い意味で使われるようになったといわれています。

ハイヒールを履いた残念な真実とは？

中世ヨーロッパでは、女性もどこでも用が足せるように裾の広がったスカートを穿《は》くようになりました。ところが道路は汚物でぬかるみになっています。かかとの低い靴では、ドレスの裾に汚物がついてしまいます。それを避けるため、女性は高い靴、つまりハイヒールを履くようになりました。しかし、今のようなかかとだけが高いハイヒールではありません。つま先もかかとも両方高くないとダメなわけです。

また、建物の2階3階の窓から、便器に溜めた排泄物を道路に投げてしまう人々が多かったので、道路の端っこを歩くと汚物がかかってしまいます。そのため、男性は女性が道の真ん中を歩くようにリードするようになりました。

こうして、紳士は淑女が道の真ん中を歩くようにエスコートする習慣ができ、上からの汚物がかかっても中の衣服が汚れないように、マントを着たという時代がありました。

コレラの原因を見抜いた！　天才医師のすごい仮説とは？

しかし、悪い衛生状況は変わっていきます。それは伝染病が蔓延《まんえん》し、人々が多数亡くなっていったからです。

「水系感染症」といわれる病気があります。病原微生物（細菌類、ウイルス類、原生動物類）に汚染された水を介して感染する感染症です。その1つがコレラです。昔からパンデミックを起こしています。

コレラは、感染者の便で汚染された水や食べ物を口から取ることによって感染し、激しい下痢《げり》や嘔吐《おうと》を引き起こす、死亡率が高い病気でした。

なお、現在流行しているコレラは、19世紀以前に流行し、たくさんの死者を出したコレラとは別の型で、死亡率も２％程度です。

原因のコレラ菌は、コッホという微生物学者が発見しますが、それよりも前の１８５５年、まだコレラの原因が分かっていなかった時代に、前年の調査結果を取り入れた論文を発表し、水が原因だということを見抜いたジョン・スノウという医師がいました。

スノウの業績は、衛生化学という学問分野の事はじめになるのではないかといわれています。衛生化学とは、ヒトの健康な生活の確保と病気の予防のため、食品や環境中のあらゆる物質とヒトとの関わりを探究する学問分野です。

この病気の原因については、当時は悪い空気を「ミアズマ」といいましたが、それを吸うことによって、病気が起こると考えられていたのです。ミアズマというのは、ギリシア語で「不純物、汚染」といった意味を持っています。コレラは何度も大流行を起こし、多数の人々が死んでいきました。

スノウは、「コレラはミアズマで起こるのではない。水に含まれている何かが原因している」と見抜きました。

彼は、ロンドンでコレラの流行が起きた際、水を供給する会社の違いによって、コレラの死亡率が異なることに気づきます。取水口が下流にあり、そのため汚染された水を供給する会社の水を飲んでいる家庭では、コレラの死亡率が高かったのです。

ミアズマ説では、水を供給する会社が違うだけでコレラによる死亡率が異なることを説明できません。

スノウは1854年にロンドンのブロード街でコレラが流行したとき、死者が出た家を一軒一軒訪ねて歩き、どこの水を飲んだかを聞いて、それを地図上にプロットして分布図をつくりました。

そうすると、ほとんどの死者がブロード街の中央にある手押し井戸の近くの住民でした。また、この井戸から離れている家の人でコレラにかかったのは、井戸の近くの学校に通っている子どもであったり、井戸の近くのレストランやコーヒー店の客であったりと、その井戸の水を飲んでいた人たちであったことが分かりました。そこでスノウは、井戸の手押しポンプのハンドルを取り外し、その井戸を使用禁止にしました。こうして、コレラの流行は収まりました。

今の学問分野で疫学という分野がありますが、スノウはまさに疫学を実践し、その重要性を明らかにしたのです。

疫学というのは、集団を観察し、病気になる人とならない人、それぞれの人の生活環境や生活習慣などにおいて何が違うのかを調べ、原因を明らかにしていく学問です。のちに、肥料の汚水溜めにコレラ患者の糞便《ふんべん》が混入し、その汚水溜めと井戸が近かったことから、汚水溜めから井戸にコレラ菌が入り込んだということが分かりました。

コッホが「コレラ菌という細菌がコレラの原因である」という報告したのは、スノウが見抜いた何と約30年後のことでした。

「伝染病」が上下水道を発達させた？

19世紀になると、蒸気ポンプや排水用の鋳鉄管《ちゅうてつかん》（鉄の鋳物《いもの》でつくったパイプ）、また砂などを通して水をろ過する浄水装置といったものが発明されて、水を処理し、きれいな水を送り出すという、大規模な近代水道（上水道）の条件が整っていきます。

水道には、上水道、下水道の2種類あります。飲み水にするのは上水道で、排泄物などを含んだものを流して捨てるのは下水道です。

産業革命の進行で、都市への人口集中、及びその結果としての劣悪な衛生状態によって、コレラや腸チフスが流行しました。そうして、水を浄化した飲み水を給水する近代水道の重要性が分かってくることになります。

浄化の方法は、砂ろ過でした。大きな池に砂を敷き、原水を1日4～5メートルのスピードでろ過します。砂にはたくさんの微生物が暮らしていて、汚れを分解してくれます。

世界最初の近代水道は、18世紀にイギリスのグラスゴーやロンドンにおいてはじまります。その後、ヨーロッパの各都市で上水道や下水道が敷かれていきました。

東京や大阪の水がおいしくなった理由って？

日本では、江戸時代に水道の建設がはじまりました。有名なのは、神田上水と玉川上水です。東京の人は、小学校のときに学ぶでしょう。

水を浄水処理して、各家庭やいろいろな工場などに送り出すという近代水道がはじまったのは、1887年からです。1887年の10月17日、横浜で水道による給水が開始されました。その後、函館《はこだて》、長崎、大阪、東京、神戸と次々に給水が開始されていきました。

このような背景には、水系感染症の蔓延がありました。コレラの大流行が江戸にも及んだ1877年以降、何度か起こり、死者10万人を超えた年もありました。そのため、何としても病原菌が入っていない水を各家庭に配る必要があったのです。

水道水のもとの水（原水）は、河川、ダム、湖水（以上、地表水）と、伏流水、井戸水（以上、地下水）が主なものです。このうち地表水が大部分を占めます。

水道水の最も大切な条件は、そのまま安心して飲める無菌の水であることです。そのために、原水を浄水場で浄化・殺菌しなければなりません。

多くの浄水場で行われている「急速ろ過方式」は、次の通りです。

まず沈砂池で大きな粒子を沈澱《ちんでん》させ、塩素を注入します（前塩素処理）。前塩素の主な役割は、原水に含まれているアンモニアやマンガン、有機物の酸化分解処理です。次に薬品でにごりを沈澱させ、原水をろ過します。最後に、各家庭の蛇口でも、しっかり塩素が残っているように再度塩素消毒をして完成です。

水道法で「各家庭の蛇口でも塩素がある量（1リットルあたり0・1ミリグラム）以上残っているように塩素消毒をする」と定められています。

かつて「水道水がまずい」と騒がれた時代がありました。原水となる川の水が汚いため、急速ろ過方式で処理をしても強い塩素臭やカビ臭がしたからです。その後、前塩素処理をやめて、オゾンを使う「高度処理方式」へ切り替わりました。

東京や大阪の水道水は、高度処理方式に切り替わったことで、劇的においしくなりました。

第3章

火

「大気」と「空気」はどう違う？

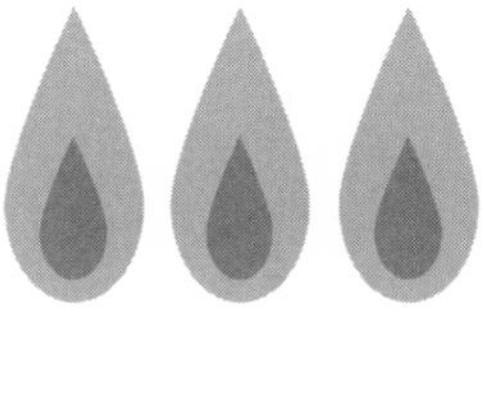

「大気」と「空気」はどう違う？

この章では、「火の技術と燃焼」についてお話しします。物が燃えるためには、火だけではなく、空気が必要です。

では、「大気」と「空気」はどう違うのでしょうか？

地球には大気圏があり、宇宙の隕石《いんせき》や太陽の有害な放射線から地球を守っています。

大気は地上約５００〜１０００キロメートルまで存在するといわれ、最下部の対流圏（地上から約8〜18キロメートル）、その上の成層圏（地上約50キロメートルまで）、さらに上の中間圏、熱圏、外気圏があります。

私たちにとって身近なのは、対流圏と成層圏です。

対流圏と成層圏の大気を、私たちは「空気」と呼んでいます。空気は地上から高くなるにつれて密度が小さくなっていきます。密度は単位体積あたりの質量ですから、空気の密度が小さくなるということは、空気が薄くなるということです。地上から7

大気圏の構造

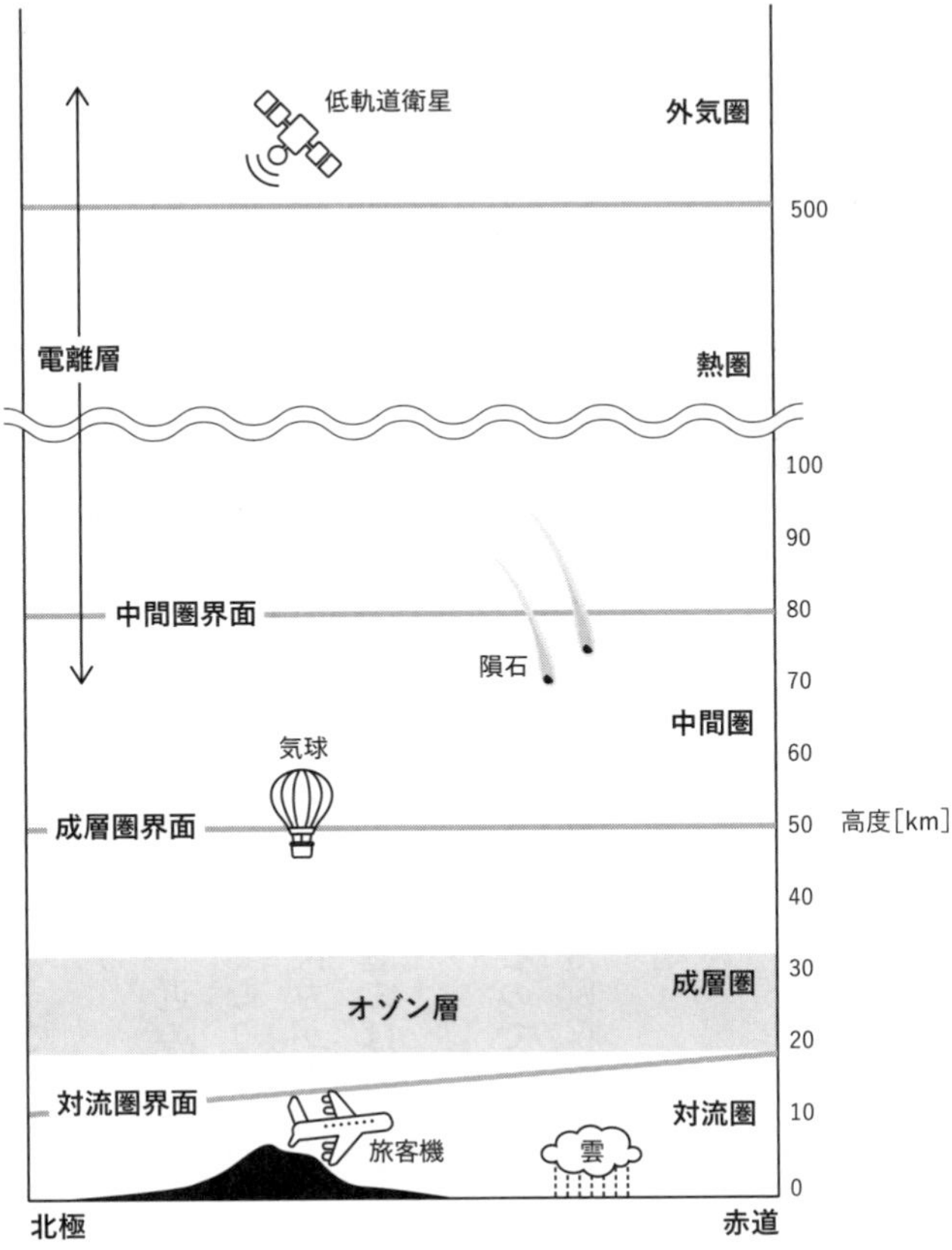

出典：「NASA-SP-367: Introduction to the aerodynamics of flight」をもとに
SBクリエイティブ株式会社が作成

キロメートルの高さで、空気の密度は地表付近の2分の1になってしまいます。

私たちは大気圏の底、つまりは対流圏の底に暮らしています。

ジェット機は、地上から約10キロメートル（1万メートル）付近の対流圏を飛んでいます。この高さでは、空気の密度が地上の33・7％まで小さくなりますが、ぎりぎりエンジンに必要な酸素が得られ、また空気が薄いのでその抵抗力が小さいのです。対流圏では、雲や雨などの対流現象が起こります。また、対流圏では高さ1キロメートルにつき、気温が約6・5℃ずつ低下しています。

成層圏は、暖かく軽い空気が上、冷たく重い空気が下になるので、対流が起こりにくいです。そして成層圏には、太陽光中の有害な紫外線を99％吸収するオゾン層が存在します。

地表付近と富士山の頂上の「空気の成分比」は、同じ？

面白いのは、空気が薄くなっても空気の成分組成（割合）が変わらないことです。地球上であれば、空気の成分比はほぼどこでも同じです。

空気の成分比

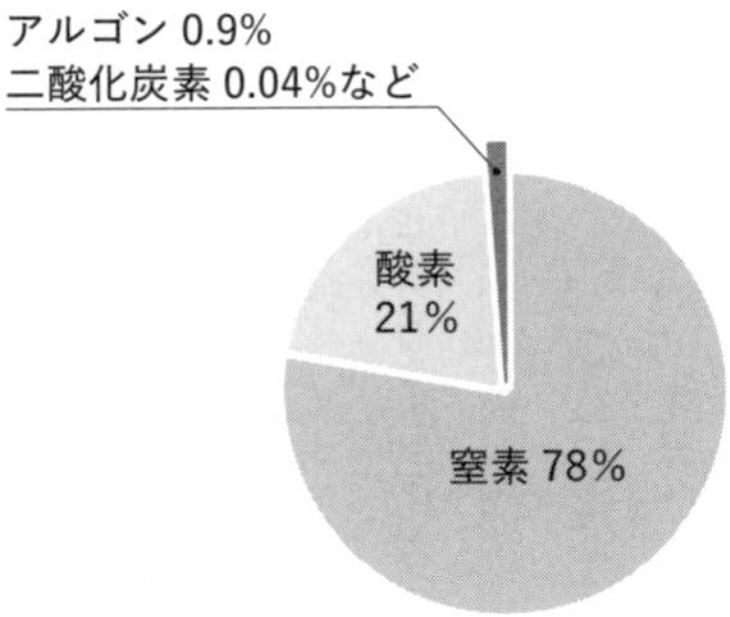

空気の成分は、乾燥空気（水蒸気が含まれていない空気）の体積比で窒素約78％、酸素約21％、この２つで全体の99％を占めます。他にアルゴン０・９％、二酸化炭素０・04％などが含まれます。

しかし、実は細かく見ると、場所や季節により多少変化があります。

例えば、場所では植物が生い茂る森や林で、季節では夏に、光合成が盛んになります。光合成が盛んだと、酸素の量が増え、二酸化炭素の量が減ります。

乾燥空気で考えるのは、空気に水蒸気が含まれていて、その量には幅があり、一定していないからです。例えば20℃の空気１立方メートル中は最大17・3グラムまで、また30℃の空気1立方メートル中は最大30・4グラムまで、水蒸気を含むことができます。温度が高い空気のほうがたくさんの水蒸気を含むことができるのです。

最大限まで水蒸気を含んだ空気は、相対湿度100%です。その半分なら相対湿度50%になります。

「なまけ者」という名前の空気の成分がある!?

空気は、生物の呼吸や植物の光合成に深く関係しています。また、物が燃える、金属がさびるなど、物質の変化にも関係しています。

空気の各成分は、性質に違いがあります。

【酸素】 他の物質と反応しやすい性質(酸化力)を持っています。生物の呼吸や物の燃焼に不可欠の気体です。水に少しは溶けるので、水中で魚などの生物が生活できます。酸素吸入などの医療用や鉄板の溶接用にも使われています。

成層圏にあるオゾン層を構成する「オゾン」というガスは、酸素原子が3個結びついてできた分子です。

酸素原子が2個結びついた酸素分子よりも酸化力が高いため、高濃度のオゾンは人や生物には有害です。

【窒素】他の物質と反応しにくい性質を持っています。食品は酸素によって変質しやすいので、これを防ぐために、食品を入れた容器中に窒素を充塡《じゅうてん》することがあります。

高温では酸素と結びついて一酸化窒素や二酸化窒素などの窒素酸化物をつくります。これらは人間に有害です。

【二酸化炭素】光合成の原料です。植物は、光合成で太陽光のエネルギーを利用して、水と二酸化炭素からデンプンなどをつくって成長します。

空気中の二酸化炭素は、生物の呼吸の他に、火山の噴火、石油・石炭や天然ガス、木材などの燃焼によって空気中に放出されています。

【アルゴン】他の物質と反応しない気体です。そのため、空気中にひっそりと存在

空気の分子の運動

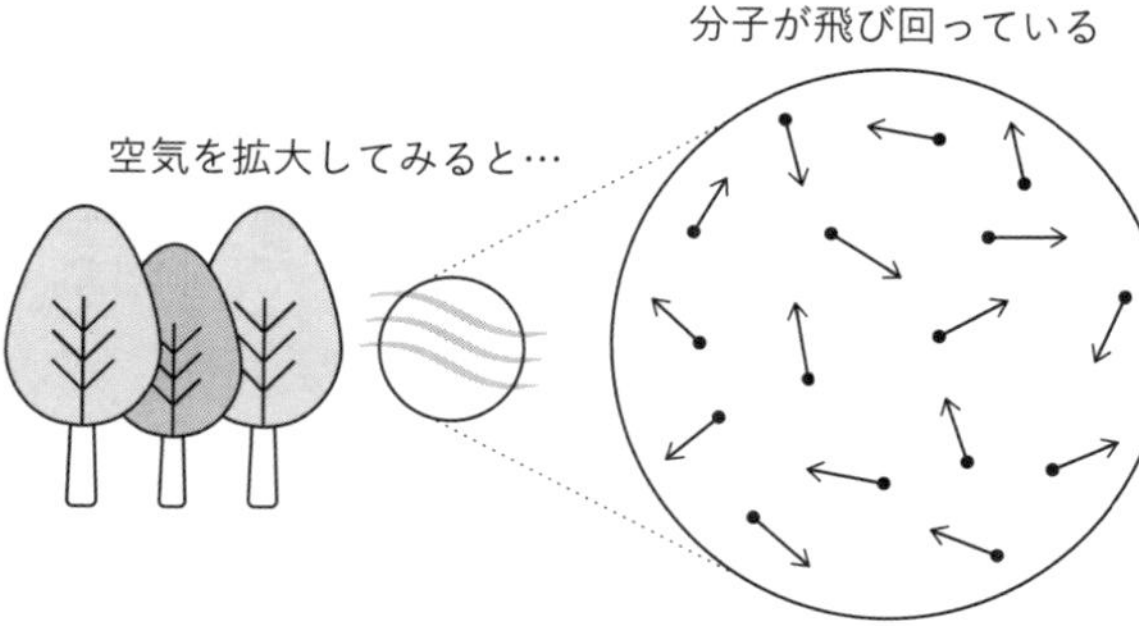
分子が飛び回っている
空気を拡大してみると…

し、1894年になってやっと発見されました。反応性に乏しいことから、ギリシア語の「なまけ者」にちなんで名づけられました。

アルゴン、ネオン、ヘリウムは、「貴ガス」と呼ばれます。かつては「希ガス」と呼ばれていました。しかし、アルゴンのように大気中にたくさんあって「希《まれ》なガス」とはいえないものもあります。またこれらのガスが、英語では「(別の元素と反応しない) 高貴な元素」と呼ばれているので、それまでよく使われていた「希ガス」を「貴ガス」と書くようになりました。

空気をどんどん拡大していくと、どんな世界が見えてくる?

空気を約1億倍に拡大してみましょう。するとそこでは、直径1～2センチメートルほどの分子が数種類、非常に速いスピードで荒れ狂うように運動し、衝突し合っています。

20℃だと、酸素分子が秒速500メートル近くのスピードで動き回っています。気体は、分子が1個1個ばらばらになって飛び回っている状態です。私は、中学生に「気体の分子は、ばらばらぴゅんぴゅん」と教えていました。

人類だけがなぜ「火の技術」を持てたのか？

人類史は、約700万年前にはじまったと考えられています。

非常に大まかに次のように時代区分をすることができます。

・約700万年前～　初期猿人の時代
・約400万年前～　猿人の時代
・約200万年前～　原人（ホモ・エレクトス）の時代

アフリカで原人が誕生。脳が拡大し、知能が発達しはじめる。本格的に道具を作製するようになる。初めは死肉をあさっていたが、のちに積極的に狩りを行うようになった。

・約60万年前～　旧人の時代

アフリカで旧人が誕生。手・脳・道具の相互作用が進み、さらに脳が大きくなる。中・大型動物の狩猟を盛んに行うようになった。

・約20万年前～　新人の時代（現在まで）

アフリカでホモ・サピエンスが誕生。

・約6万年前～

アフリカからホモ・サピエンス（一部、旧人との混血）が世界中に拡散した。

・約1万年前～

農耕と牧畜を開始。

ここで、初期猿人、猿人、原人、旧人、新人という用語を並べて見ると、例えば旧人から新人が進化してきたと思ってしまうかもしれませんが、それは違います。

人類の進化の道筋は、直線的なものではないのです。それは、多くの種類に枝分かれし、それぞれが栄枯盛衰をくり返し、絶滅に至ってしまう種もあるという、とても複雑なものです。

それでも、初期猿人、猿人、原人、旧人、新人という用語は、進化のグレード（等級、程度）を表すうえで便利なので、日本ではよく用いられます。

人類は、森の中で生活していた猿の仲間を祖先とし、やがて地上で直立二足歩行をするようになったという大きな特徴があります。そのときに、２本の前足が自由になり、その前足で道具を使うようになりました。道具としては、木や石といった天然のものを材料とし、道具をつくるための道具もつくりました。

チンパンジーのように道具を使う動物もいますが、「道具をつくるための道具をつくる」動物というのはいません。

さらに人類が他の動物と大きく違う点は、火を使えるようになった点です。

いつ頃から、また、どうやって火を使えるようになったのかは、はっきりとは分かっていません。火山の噴火あるいは落雷によって起きる森林火災などから火種を取り、火を活用するようになったのかもしれません。

考古学上、人類が火を使用した可能性がある遺跡はいくつか見つかっています。例えば150万～100万年前のものでは、焼けた骨が見つかった南アフリカのスワルトクランス洞窟《どうくつ》、また焚《た》き火と関連して高温に熱せられた石が見つかったケニアのチェソワンジャ遺跡などがあります。これらは、原人の時代のもので、おそらく彼らは、本格的な道具づくりと並行して、火も使うようになっていたと考えられます。

火を使用した明確な証拠がたくさん発見されているのは、旧人のネアンデルタール人の遺跡です。ただし、ネアンデルタール人が自然の火から火種を持ってきたのか、火おこしの技術を持っていたのか、あるいは持っていたとしたら、それはどのような方法だったのかといったことは、未《いま》だ明らかになっていません。

火が日常的に広い範囲で使用されていたことを示す証拠は、12万5000年前のアフリカの遺跡から発見されています。この頃人類は、火おこしの技術を持っていたと考えられます。

普通の動物は火を恐れますが、人は野火などの草や木が燃えているところに接近します。恐れを知らない好奇心のかたまりのような子どもが火に近づき、火遊びをするようになった可能性もあります。火遊びというのは、とてもインパクトのある言葉ですが、遊びに火を使う段階から、やがていつも火を使うという段階へ移行したのでしょう。

最初、火種は天然の燃えているものでしたが、その後、人類は天然の火種がなくても火をおこせるようになったと考えられます。それが発火技術です。

火をおこしやすい木と木の摩擦法が発火技術の中心だったと考えられますが、木は遺物として残りにくいため、発掘数が多いわけではありません。

進化の初期段階で火をコントロールできたこと。これは人類の進化にとって非常に重要なことでした。

人類が初めて知った化学変化とは？

火をコントロールする技術を持ったことで、人類は灯り、暖房、調理に火を使うようになりました。

人類の他に、火を使って料理している動物はいませんよね？　物が燃えること、すなわち燃焼は、人類が知った一番古く、また一番重要な化学変化なのです。

猛獣から自分の身を守るためにも、火は使われました。さらに火を利用して土器や陶磁器をつくり、砂鉄や鉄鉱石から鉄をつくりました。これらはすべて、火の技術の延長線上の出来事です。

火の技術を手に入れたことで起きたことをまとめておきましょう。

①食生活の変化

火で焼くことにより、そのままでは食べることができなかった魚介類、草木の根、塊茎《かいけい》などが食料に変化しました。また、火で焼くことにより食料の保存ができるようになり、毎日、食料を取りに行かなくてもよくなりました。

②居住地の拡大

食物が手に入りやすくなり、暖かさも手に入れた人類は、河川や海岸に沿って居住地を拡大していきました。

③道具の発明

熱を有効利用するために、さまざまな道具がつくられました。初めにつくられたのは「かまど」です。最初は、石でつくられたかまどでした。そこから地面を掘ったかまど、粘土でつくられたかまどへと変化し、やがて高温を出せる炉がつくられました。また、空気を送るためのうちわのようなものが「ふいご」へ進化し、さらに高温の炎を手に入れると、その炎を使って鉱石から金属を手に入れられるようになりました。

④炎を使うための道具の発明

炎を使って、物を煮る器がつくられました。初めは、熱に強い土器がつくられ、やがてうわぐすりをかけた陶器へと進化していきました。

火を使う以前は、自然の産物を道具にしていました。例えば、動物の骨をこん棒にしたり、小石を削って刃物にしたりして使っていたのです。これらは形が変化しても骨は骨のまま、石は石のままで質的な変化はありません。ところが、火を利用することによって、自然界の材料を使いながら、質的に変化したものや、天然のままではほとんど存在しない物質をつくり出し、手に入れるようになりました。この質的な変化は化学変化であり、人類は火を使って化学変化を起こすことができるようになったともいえます。

火は人類の生活に、決定的な変化をもたらしたのです。

燃えるものは、灰と「フロギストン」でできている!?

燃焼について、学問的に明らかになるには長い時間がかかりました。火は重要だと分かっていましたが、古代ギリシアの哲学者たちが真剣に悩んだことがあります。それは「すべてのものは、一体何からできているのか」という根本的な疑問です。

中世、近代まで影響を与えた考え方に、四元素説があります。それは、「すべてのものは、火、空気、水、土の４つの元素からできている」というものです。その中に、火が入っています。

では、火とは一体どういうものなのか？ 燃えるものは、他のものと何が違うのか？ そういったこともいろいろと考えられるようになりました。

そして18世紀の初め、ドイツのシュタールが「燃えるものは、灰とフロギストンからできており、物が燃えるのは、フロギストンが燃えるものから放出されるからである」という考えを提唱しました。これを「フロギストン説」といいますが、あまり学校で学ばないと思います。

少しイメージしてください。「ロウソクが燃えている。ロウソクはどんどん小さくなっていく。そのとき、ロウソクの炎から、フロギストンが放出されている。こうして、ロウソクは小さくなっていく」という考え、これがフロギストン説です。

しかし、根本的な問題が生じます。

金属が燃えるということが分かってきます。例えば、鉄も非常に細かくすると燃え

燃焼のフロギストン説

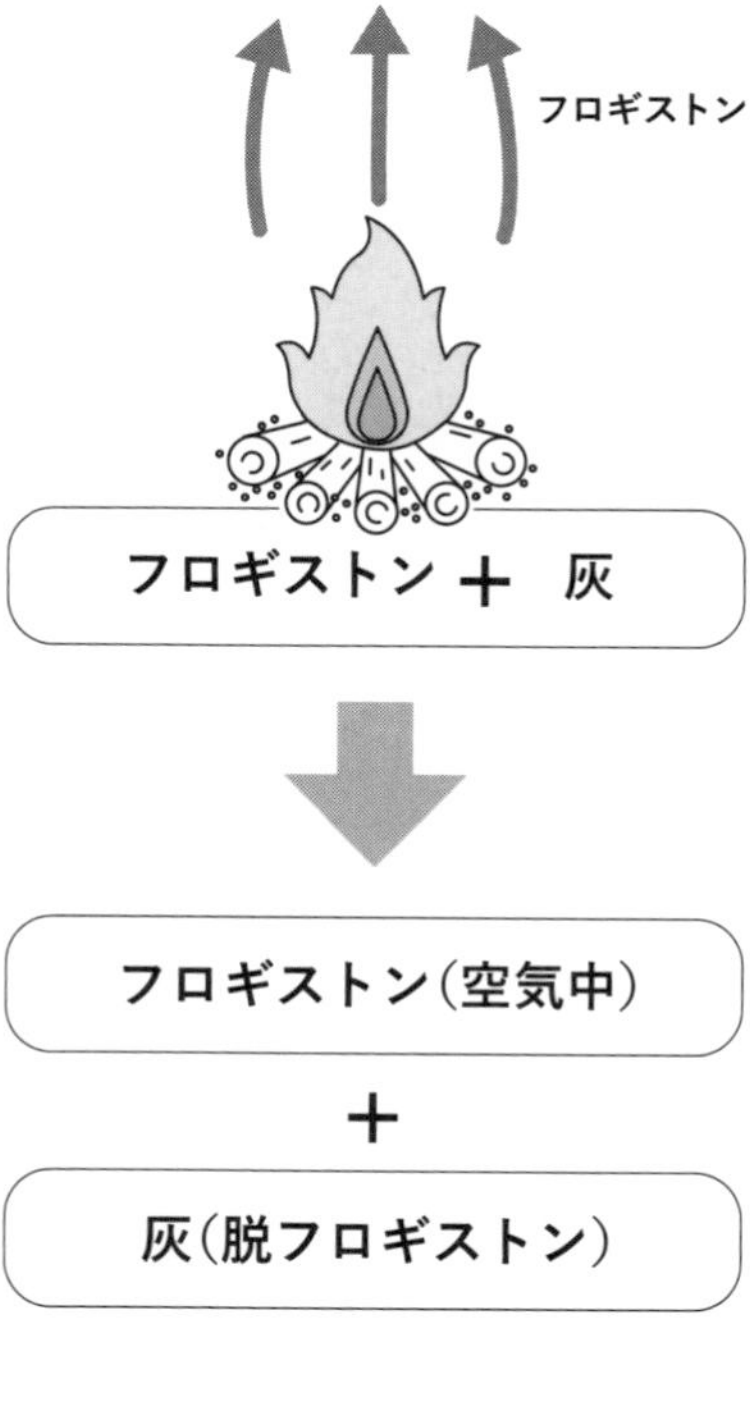

ます。スチールウールです。ほぐして火をつければ燃えます。この他にも、金属には燃えるものがいろいろあります。燃えた後の質量を測ると、燃える前よりも大きくなっているのです。

現在では、鉄が酸素と結びつくと酸化鉄になるので、酸素分重くなったと考えることができます。しかし当時はフロギストン説が提唱されていたため、「フロギストンはマイナスの質量を持っている」という考えまで出てくるようになりました。

フロギストン説は18世紀末まで、化学界に大きな影響を与え続けました。

酸素を発見したのは誰？

長い間、空気は1種類の、一様な物質だと考えられていました。

しかし、例えば16世紀には、画家・彫刻家として有名なイタリアのレオナルド・ダ・ヴィンチが空気の中には炎を燃え続けさせたり、動物の命を支えたりする成分があり、炎が消えた空気中では動物が生きていけないことに気づいていました。

18世紀後半には、いろいろな気体が発見され、それらの性質について盛んに研究されるようになりました。

1756年、ブラックは、石灰石（炭酸カルシウム）を焼くと生石灰《せいせっかい》（酸化カルシウム）ができ、気体が放出されることを発見しました。そしてその気体を、石灰石中の「固定空気」と呼びました。

現在の化学からすると、これは炭酸カルシウム$CaCO_3$が酸化カルシウムCaOと二酸化炭素CO_2に分解するという化学変化（化学反応）です。

二酸化炭素の発見以後、水素、窒素、酸化窒素、アンモニア、塩化水素などの気体が発見されました。

気体化学の研究の頂点は、シェーレとプリーストリーによる酸素の発見でした。

2人はそれぞれ独自に酸素を発見しました。

1772年頃、スウェーデンのシェーレは、酸化水銀などを加熱し、普通の空気よりずっとロウソクが燃えやすい気体を得て、1775年、それを「火の空気」と名づけました。

1774年、イギリスのプリーストリーは酸化水銀の加熱により、燃焼と呼吸を支える能力の大きい気体を得て、これを「脱フロギストン空気」と名づけました。

酸化水銀は加熱すると簡単に分解して、水銀と酸素になります。また、水銀を空気中で加熱すると、水銀の表面に酸化水銀ができます。酸化水銀は、錬金術師の間でよく使われていた物質です。

近代化学の父ラボアジェが、酸素の名づけ親？

「近代化学の父」と呼ばれたラボアジェ。彼は、シェーレが「火の空気」、プリーストリーが「脱フロギストン空気」と呼んだ空気中の気体を「酸素」と名づけ、「燃焼は可燃物と酸素が結びつくことだ」という「燃焼理論」を確立しました。

ラボアジェは、物の燃焼を、質量の変化を調べることによって追究し、「燃焼というのはフロギストンが出されるものではない。酸素と結びつくのが燃焼だ」と提唱したのです。

彼によってフロギストン説は次第に廃れていき、「物が燃えるのは、燃えるものと酸素が化学変化するからである」ということが明らかにされていきました。現在の化学では、「物質が熱や光を出して激しく酸素と反応することを燃焼という」と定義されています。

ラボアジェはその他にも、「元素はもはやこれ以上化学的に分解できない基本成分」として33種からなる元素表を発表したり、科学的に物質の名前のつけ方（命名法）を確立したりして化学の基礎を築きました。そうやって化学は、しっかりと自然科学の仲間になりました。

近代化学はこのようにしてつくり上げられていったのです。

「燃焼の3条件」ってなんだ？

まずは燃える物質（可燃物）がなければいけません。次にその燃える物質と反応する酸素が必要です。しかし、燃える物質と酸素さえあれば燃焼がはじまるかというと、そうではありません。ある一定以上の温度にならないと燃焼ははじまらないのです。

まとめると、物質が燃焼する条件は３つあります。

①燃える物質（可燃物）
②酸素
③ある一定以上の温度（発火温度や引火温度）

物質に火をつけることができる最低温度を「発火温度（発火点）」といいます。物質を空気中に置いて、だんだん温度を上げていくと、ひとりでに燃え出す温度です。

火を近づけたとき物質に火がつくことを「引火」といい、引火が起こる最低温度を「引火温度（引火点）」といいます。

石油ストーブは、灯油の引火点が常温より高いため、芯のところだけが燃えるので安全に使えます。しかし、ガソリンは引火点が低いので、間違えてガソリンを石油ストーブに入れて火をつけると、芯だけでなくガソリン本体が燃え出してとても危険です。

てんぷらを揚げる温度は、最高でも約180℃です。てんぷら油の引火点は約250℃以上、発火点は約360〜380℃ですから、約180℃なら引火点や発火点を超えることはありません。

しかし、目を離して、てんぷら油から煙が立つくらいの温度になると引火します。

私たちのまわりには、燃える物質（可燃物）と酸素がたくさんあります。火災を予防するための「火の用心」は、発火点や引火点にならないように火種を始末することなのです。

第4章

金属

小魚にはカルシウムは含まれていない!?

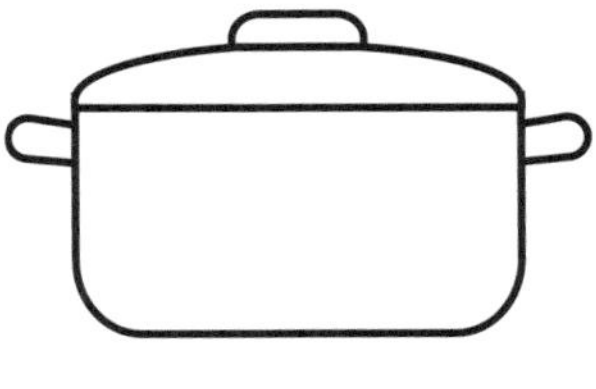

カルシウムは何色？

「カルシウムは何色ですか？」と質問すると、「白色」と答える人がたくさんいます。それはカルシウムだけのカルシウム単体（金属カルシウムともいう）を目にすることがまれで、いつもカルシウムの化合物を見ているからでしょう。

カルシウム単体は、アルカリ土類金属で銀色をしているのです。

一方、炭酸カルシウム（石灰岩、卵の殻や貝殻の成分）、水酸化カルシウム（消石灰。その水溶液は石灰水）、酸化カルシウム（生石灰《せいせっかい》）など、カルシウムの化合物はみな白色です。

ナトリウムやカリウムも、単体は銀色をした軟らかい金属です。空気中の酸素や水と出合わないように、灯油の中に保存します。水に投じると、激しく反応します。ただし、ナトリウムもカリウムも、自然界では化合物として存在しています。これらの元素は、他の元素と非常に強く結合しているので簡単に取り出すことができません。また、取り出したとしても、空気中の酸素や水とすぐに反応してしまうため、材料としては使いづらいのです。

カルシウム、ナトリウム、カリウムの単体は、化学の授業で見せてもらわないと見ることは難しいでしょう。

私は、化学の授業で、リチウム、ナトリウム、カリウム、マグネシウム、カルシウム、バリウムなどを見せていました。

例えば、米粒大のカルシウムやナトリウムを水中に入れると、水と反応して水素ガスを出しながら水面を動き回ります。カリウムも同じく水と反応して水素ガスを出しながら紫色の炎を上げて燃え、水面を動き回ります。

バリウムではどうなると思いますか？

バリウムは、カルシウム同様アルカリ土類金属で、その単体は銀色をしています。水に入れると水と反応して水素ガスを出します。

小魚にはカルシウムは含まれていない⁉

元素名でも、それが単体を指す場合と化合物を指す場合があります。

例えば、「小魚にはカルシウムがいっぱい」という話を考えてみましょう。

小魚は骨まで食べられるので、骨の成分元素のカルシウムが摂《と》れるということですね。

でも単体のカルシウムは銀色で、水と出合うと水素ガスを出しながら溶けていくのですから、小魚に含まれるカルシウムは単体のカルシウムとは違うようです。

実は魚の骨は、カルシウムとリンと酸素の化合物（リン酸カルシウム）です。中心的な成分元素がカルシウムなので、「カルシウム」と呼んでいるのです。

バリウムも同様です。「胃のレントゲン検査のときにバリウムを飲んだ」という場合、もしこのバリウムが単体なら、銀色の金属でカルシウムと同じように水と出合うと水素ガスを発生しながら溶けていきます。しかも、そのときできる水酸化バリウムは、体内に吸収されると毒性があります。

実は、胃のレントゲン検査のときに飲む「バリウム」は硫酸バリウムです。硫酸バリウムは白色で水に溶けません。水に溶けないので粉末を水と混ぜているだけです。それで乳濁液になっています。体内に吸収されることはありません。硫酸バリウムの中心の元素がバリウムなので、「バリウム」と呼んでいるわけです。

このように元素名は、かなり曖昧に使われています。「酸素」といったときに、それが元素の酸素を指しているのか、オゾンと区別する単体の酸素なのか、酸素分子なのか、それとも酸素原子のことなのか、それは文脈の中で推測するしかありません。

金属って、そもそもどんなもの？

元素は、元素の周期表にまとめられています。

現在、元素は１１８種類。天然に（自然界に）存在する元素は、原子番号92番のウランまでとされています。

92番以内でも、43番のテクネチウム、61番のプロメチウムは人工的に合成された元素ですが、その後、天然のものも確認されています。

天然に存在する元素92種類のうち70種類が金属元素、22種類が非金属元素です。金

金属の3大特徴

属元素の割合は、76％にもなるのです。

金属元素だけからできている金属には、共通する特徴として、次のような特徴があります。

①金属光沢
②電気・熱の良伝導性（電気や熱をよく伝える）
③展性（叩《たた》くと板状に薄く広がる）・延性（引っ張ると延びる）

非金属にはそのような共通した特徴はありません。

金属光沢とは、銀色、金色などの独特のつやです。金属は、金の金色や銅のような赤がね色、そして鉄、アルミニウムの銀色など、色は1色ではありません。しかし、新しい金属（磨いたもの）はみなピカピカ光っていて、金属光沢を持っています。金属光沢は、金や銅以外は銀色です。

金属がピカピカ光って見えるのは、他のどんなものよりも光をよく反射するからです。金属は表面が磨かれていれば、見ただけでも「これは金属だ」と分かります。

さらに「金属光沢があれば電気がよく伝わる」ということを、電池と豆電球でつくった簡単な道具で調べることもできます。

展性・延性とは、叩いても粉々にならない性質のことです。

令和の今も「鉄器時代」!?

ものづくりの材料として、石材・木材・紙・竹・皮革などの天然のもの以外では、古来、金属が使われてきました。

材料の世界では、金属は最も重要といえるでしょう。

現代は鉄器時代の延長線上にあり、鋼鉄を中心に、非鉄金属・軽金属など多種多様な金属が使われています。また、２種類以上の金属を混ぜ合わせた合金も多種類つくられています。

身近でよく使われている金属を見ていきましょう。

【鉄】建築材料から、日用品に至るまで、最も広く利用されている材料の王様です。鉄が優れた性質を持つ合金の材料となることも、用途の広さの理由の1つです。炭素の含有率が0・04〜1・7％のものを「鋼鉄（鋼《はがね》）」といい、強靭《きょうじん》で鉄骨やレールなどに用いられています。

【アルミニウム】軽量で加工しやすく耐食性もあることから、車体の一部、建造物の一部、缶、パソコンや家電製品のケースなど、さまざまな用途に使われています。アルミニウムが耐食性を持つのは、空気中で表面が酸化されて、酸化アルミニウムの緻密な膜が内部を保護するからです。また、アルマイト加工で、この酸化被膜を人工的に厚くつけて、さらに耐食性を高めている場合（鍋などの容器材料やアルミサッシなどの建築材料）もあります。

【銅】赤みを帯びた軟らかい金属で、熱をよく伝え、電気をよく通します。このために、電線などの電気材料に広く用いられています。

【亜鉛】鉄、アルミニウム、銅に次いで4番目に多く使われている金属です。安価で高い防食機能を持つことから、メッキとして鉄の防食に使われます。トタン板は、鉄板に亜鉛をメッキしたものです。鉄よりも腐食しやすい亜鉛をメッキすることで、本体の鉄を保護します。主に自動車製造向けに使われますが、屋根ふき、樋《とい》などにも広く利用されています。また、マンガン乾電池、アルカリ乾電池などの負極の材料としても使われています。

【ニッケル】ステンレススチールの材料に使われています。鉄、ニッケル、クロムは強磁性（普通の磁石に付く性質）を持った金属です。

【チタン】軽くて、丈夫で、さびにくく、肌に触れてもアレルギーを起こさない金属です。薬品や海辺の塩分にも耐食性があるので、化学プラント、海水利用分野で活用されています。さらに、ゴルフクラブ、メガネ、時計などにも使われています。

石器から青銅器へ、どうやって移行したの？

人間が最初に道具をつくるために使用した金属は、自然金・自然銀・自然銅、そして宇宙からきた隕鉄《いんてつ》でした。それらのかたまりを叩いて変形させ、装飾品や道具などをつくったのです。

さらに、鉱石を還元して金属を取り出し、青銅器や鉄器がつくられるようになりました。青銅器などの金属器は、石器よりも硬くて丈夫で、いろいろな形にできるので石器に取って代わっていきました。

多くの場合、金属は酸素の化合物（酸化物）や硫黄との化合物（硫化物）の形で産出しています。銅、鉄、鉛、スズは、これらの化合物から取り出しやすかったのです。

古代社会で最初に用いられたのは、自然状態で金属のまま産出した金と銅です。

クレタ島のクノッソスでは紀元前3000年頃に銅が使われていましたし、紀元前2500年頃のエジプトのメンフィス神殿では、銅の水道管が使われていました。

やがて人類は鉱石を木炭などと混ぜ合わせて加熱することにより、金属を得る技術を獲得しました。これは火の技術の応用で、本格的に化学反応を生産技術へ応用する手法でもあります。

太古から知られていた金属は、金、銅、銀、スズ、鉛、鉄、水銀です。錬金術の時代に亜鉛が見いだされました。

前述のように、人類が最初に使った金属は、宇宙からやって来た隕鉄《いんてつ》と、自然に金属のままで存在した自然金、自然銀、自然銅そして自然水銀でした。

これらはあまり道具には使われず、装飾品や食器に使われたと考えられます。

やがて人類は青銅をつくり出します。青銅は、銅90％とスズ10％を基準とする合金です。混合割合により、硬度や色合いに違いが生まれます。

青銅は、青い銅と書きますが、青とは限りません。銀色や黄色っぽいものなど、いろいろな色合いの青銅があります。

また、青銅は銅よりもずっと硬いため、道具として性能の良いものがつくれます。農業用のくわ、すき、さらに刀や槍《やり》など、武器の材料としても広く用いられました。

青銅は、古代から知られた金属の銅とスズを合わせ融《と》かしてつくられます。銅よりもずっと低い温度で融けるので、いろいろな形に加工できました。実際は、銅の鉱石とスズの鉱石とを適当な割合に混ぜ合わせたものを、木炭で還元して、取り出したようです。

青銅器時代は、紀元前3000年から紀元前2000年頃のメソポタミアにはじまりました。中国では、殷《いん》・周《しゅう》の時代です。

その後、鉄器時代が到来し、農具や武器は鉄器になりましたが、青銅器の使用は続きました。火薬の発明にともない、青銅が大砲などの材料として用いられたからです。

鉄づくりは、いつからはじまった?

定説では、紀元前15世紀頃に現在のトルコの一部に現れたヒッタイトという国が、鉄づくりの起源とされてきました。ヒッタイトは鉄製の武器や戦車をつくることができたので、まわりの国に対し戦力的に優位な立場にあったといわれてきたのです。

しかし現在、その定説が揺らいでいます。

日本の調査団によって、ヒッタイトがあったと思われる遺跡において、さらに10

00年ぐらい古い地層から「鉄をつくったという証拠」が発見されたからです。鉄鉱石からつくった鉄と隕鉄からつくった鉄は、結晶の模様を調べることで区別できます。日本の調査団が遺跡で見つけた鉄を分析したところ、隕鉄が原料ではないことが分かりました。調査団が発見した鉄は、人類がつくったものと考えられています。

そのため、鉄づくりの歴史は、さらに古い時代にさかのぼると予想されています。

『もののけ姫』に登場する、たたら製鉄って?

日本では、独自の鉄づくりが発展していきました。それが「たたら製鉄」です。たたら製鉄とは、炉内に原料と木炭を入れて火をつけ、「ふいご」で送風して火力を高めて精錬する方法です。

宮崎駿《はやお》監督のアニメ映画『もののけ姫』は、中世（室町時代の頃）の日本の鉄をつくる村が舞台です。威勢のいい女性たちが踏み板を踏むシーンがありますが、あの踏み板は、鉄をつくる炉に空気を送る「ふいご」です。実際は大変な重労働なので、女性が踏むことはなかったでしょうが、「たたら製鉄」の様子が見事に描かれていました。

たたら製鉄のしくみ

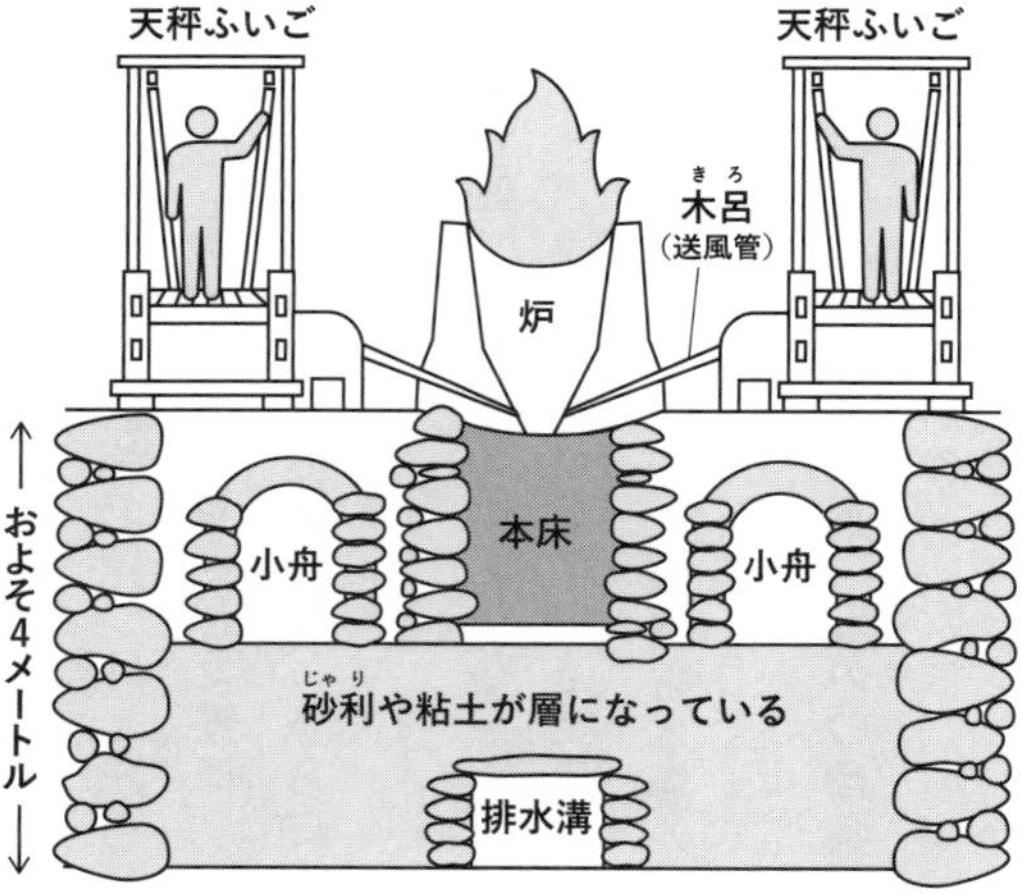

出典：和鋼博物館ホームページをもとにSBクリエイティブ株式会社が作成

「たたら製鉄」では、炉に砂鉄と木炭を交互に入れます。砂鉄は、鉄と酸素が結びついてできています。砂鉄と木炭を交互に積み重ね、火をつけて反応させ、空気を送り込みます。

鉄自体が融ける温度には達しませんが、砂鉄の中の酸素は取り除かれ、残った鉄がお互いに結びついて、ガチガチに固まったスポンジのような鉄のかたまりが得られます。こうしてできた鉄のかたまりを叩いて、いろいろな鉄の道具をつくるというのが、たたら製鉄の基本です。

たたら製鉄は、明治時代に、官営八幡《やはた》製鉄所という大型溶鉱炉を持った近代製鉄所がつくられると廃れていきました。

しかし、たたら製鉄がすごいのは、つくられた鉄の中に「玉鋼《たまはがね》」と呼ばれる部分ができ、この玉鋼を鍛えると、日本の素晴らしい技術の1つである「日本刀」ができることでした。

たたら製鉄がなくなってしまうと、原料となる玉鋼がなくなります。そこで、今では機械の力で風を送り込みますが、基本的には昔と同じ方法でたたら製鉄を行い、刀鍛冶《かたなかじ》に玉鋼を提供しています。

鉄の生産で、森が消えた!?

普通、鉄は、木炭と鉄鉱石を用いてつくられます。17世紀、産業革命初期のイギリスでは、鉄を大量につくるために、大量の木炭が必要になりました。そこで森林がどんどん伐採されました。森林がなくなっていったのです。

そこで人々は木炭の代わりに石炭の使用を試みます。石炭を蒸し焼きしてかたまりにすると、中に含まれている不純物が抜け、炭素の多い、コークスという硬い物質になります。コークスを使うと、木炭より高温が得られました。こうして高い温度で反応させると、融けた状態の鉄が得られるようになりました。

そのとき最初にできるのが銑鉄《せんてつ》です。銑鉄は融けやすく、鋳物《いもの》にしやすい性質があります。それで、銑鉄は鋳鉄《ちゅうてつ》とも呼ばれます。銑鉄を叩き、不純物を絞り出すと、今度は錬鉄《れんてつ》が得られます。

錬鉄は硬くて丈夫ですが、もろい性質があります。

なぜ鉄を大量生産できるようになったのか?

とくに産業革命以降、大型の機械がいろいろ登場してきます。それまでは木でつくられた織機で糸から布を織っていたのが、機械化されていきます。さらに蒸気機関がつくられ、蒸気機関車や蒸気船が生まれて、交通革命も起こります。

このような産業の革命が起こると「より良質な鉄、硬くて丈夫な鉄がつくれないか、それも、大量につくれないか」という要望が起こってきます。

やがて人々は、銑鉄と錬鉄の利点を兼ね備えた、硬くて、しかも粘り強く丈夫なものを求めるようになったのです。それが鋼《はがね》、鋼鉄です。鋼鉄は炭素の含有率が低い（0・04〜1・7％）ので、銑鉄（炭素4〜5％）から炭素を減らさなければなりません。

1856年に、ベッセマーというイギリス人が転炉法を発明します。転炉は、銑鉄を鋼鉄に変える炉という意味です。融けた銑鉄から鋼鉄を大量生産でき、鋼鉄の値段が安くなりました。

転炉に融けた銑鉄を入れ、そこに空気を送り込むと、不純物として含まれていたケイ素が酸素と反応して燃えるため、大きな炎が上がります。しばらくすると、今度は炭素が激しく燃えはじめます。銑鉄の中に含まれる炭素と送り込んだ空気中の酸素が反応すると、30分も経《た》つ頃には炭素がかなり少なくなり、反応が終わった後には鋼鉄ができます。

現在の鋼鉄づくりでは、溶鉱炉（高炉）に鉄鉱石、コークス、石灰石を入れ、熱い空気を炉の下から送り込みます。するとコークスが燃えて高温になり、鉄鉱石は主に一酸化炭素によって還元されて鉄になるのです。

ベッセマーの開発した転炉では空気を吹き込んでいましたが、現在の転炉では、空気ではなく酸素を吹き込んでいます。

鋼鉄は車両、機関車、橋桁《はしげた》、戦争の道具の大砲、それと次章で見る鉄筋コンクリート、鉄骨など、いろいろなものに使われています。


鉄鋼業界の全国的な組織である一般社団法人日本鉄鋼連盟は、鉄づくりの工程における二酸化炭素の排出量削減を目指しています。そのため鉄鋼連盟は、2030年頃の実用化に向けて、コークスを使わず、水素で鉄鉱石を還元する「水素還元製鉄の開発」に取り組んでいます。

人類の夢、「さびない鉄」はどうして生まれたのか?

ある金属に、他の金属元素、あるいは炭素、ホウ素などの非金属元素を添加して、融かし合わせたものを「合金」といいます。

合金にすると、融かし合わせたそれぞれの金属とは全く異なった性質の金属が得られる場合があります。さびにくいものだけではなく、強靱なもの、加工しやすいもの、強い磁性を持ったものなど、新しい長所を持った金属材料をつくり出すことができます。

合金の例として、ステンレス鋼（ステンレススチール）を紹介しましょう。

さびない鉄の製造は、長い間人類の夢でした。その夢の実現が、19世紀の末につくられた特別な処理をしなくてもさびにくいステンレス鋼でした。「ステン」は「汚れ、さび」、「レス」は「ない」という意味です。

ステンレス鋼は、鉄にクロムとニッケルを加えた合金です。ステンレス鋼がさびにくいのは、非常に緻密な酸化被膜、つまり、さびで保護されているからです。

20世紀初頭まで、ナイフやフォーク、スプーンは家事の悩みの種でした。鋼鉄製のそれらは、輝きがなくなったりさびたりするので、ぴかぴかに光らせておくにはコルクや磨き粉、スチールウールで磨かねばならなかったからです。この悩みを解決したのが、ステンレス鋼でした。

ステンレス鋼が実用化の段階に入ったのは、1921年のこと。初めてステンレス鋼のナイフがつくられました。宣伝文句は「変色しない！　さびない！　メッキじゃないから、はがれない——芯まで輝くステンレス！」

日本では1956年、公団住宅のＤＫ（ダイニングキッチン）にステンレス流し台が取りつけられることによって、一般家庭にも広がっていきました。

第5章

セラミックス

粘土を焼くと、なぜ硬い土器になるの？

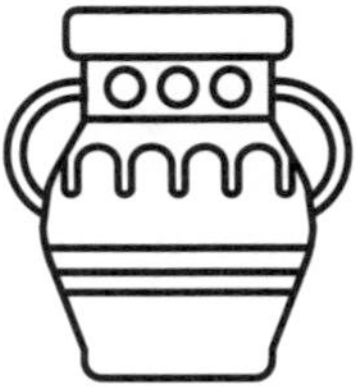

「セラミックス」ってなんだ？

現在の3大素材は、次の素材です。

①鉄を代表とする金属
②セラミックス（焼き物）
③プラスチックなどの高分子

セラミックスは、もともと焼き物という意味で、陶磁器、タイル、レンガや瓦、セメント、ガラスなど、天然の鉱物である石や粘土を成形し、窯《かま》を用いて高温で焼いた製品全般を指しています。

セラミックスの製造業を、窯を用いることから「窯業《ようぎょう》」といいます。

セラミックスは、さびない、熱に強い、硬い、望む形につくれる、薬品におかされにくいなどの性質を生かして、多くの製品になっています。

縄文土器は、日本最古のセラミックス⁉

セラミックスは、わが国では縄文土器から始まりました。

現在わが国最古の土器は、青森県の大平山元《おおだいやまもと》Ⅰ遺跡《いち》で出土した約１万６０００年前の土器破片です。この土器には文様がなく、器の形も不明ですが、縄文土器とされています。

この土器に付着した炭化物（お焦げやスス）を炭素14年代測定法、それも試料がとても微量でも測定できる最新の方法で測定した結果、最も古いものが約１万６５００年前、それ以外のものは、約１万５５００年前のものであることが分かりました。最近のことです。

縄文時代の始まりについては、諸説ありますが、その始まりを土器の出現と考えると、最も早くて約１万６５００年前ということになります。そして縄文時代の終わりを水田稲作の登場（今から約３０００年前）までとすると、縄文時代は約１万３０００年間も続いたことになります。

粘土を焼くと、なぜ硬い土器になるの？

土器は主に、非常に細かい粒の土である粘土からつくります。粘土は、水を加えて練り合わせると適当な粘り気を持ち、いろいろな形にすることができます。それを火で焼くと粘土粒子の一部が融《と》け、粒子どうしが接着して硬くなります。

粘土はもともと岩石が侵食されたり風化したりして、細かくなったものです。その成分物質で最も多いのは二酸化ケイ素で、ダイヤモンドと同じ無機高分子の仲間です。そのかたまりは、原子どうしが共有結合で結びついて1つの巨大な分子になっています。

ダイヤモンドを例に説明しましょう。

ダイヤモンドは、炭素原子からできています。炭素原子がピラミッドのように4つの方向に結合の手を伸ばし、お互いにがっちりとつながっています。炭素原子のように、他の原子と結合する手が4本あることを、化学では「原子価《げんしか》4」といいます。

ダイヤモンドは、1つの炭素原子のまわりに4個の炭素原子が配置された規則正し

共有結合結晶の代表
ダイヤモンドと二酸化ケイ素

ダイヤモンド

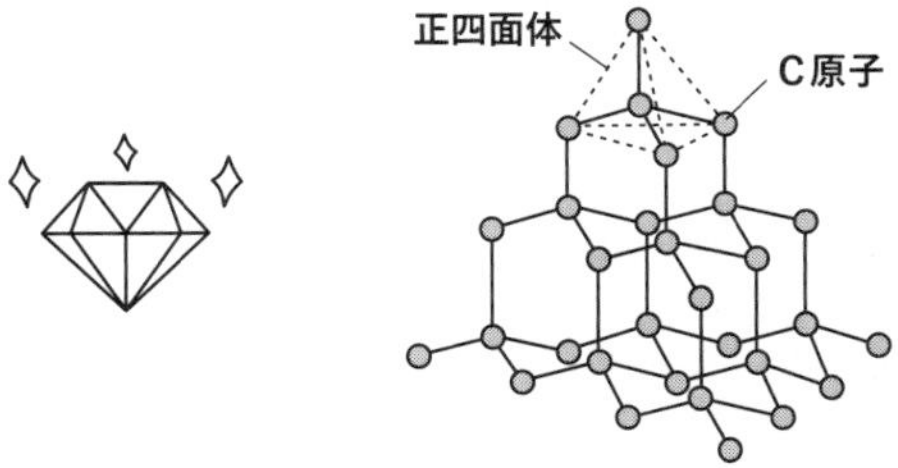

すべての炭素（C）原子が、４本の結合の手で結びついた構造をしている。

二酸化ケイ素

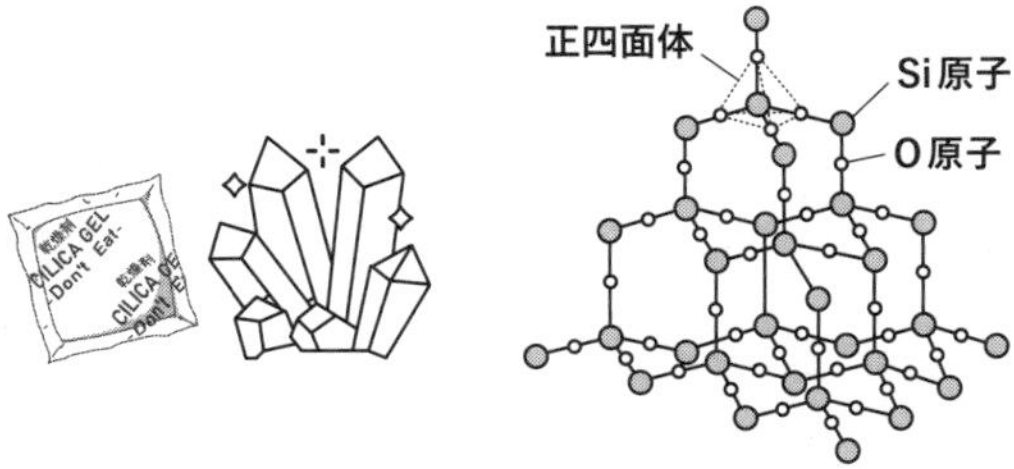

ケイ素（Si）原子は結合の手４本、酸素（O）原子は結合の手２本を持ち、Si-Si の間に O が入ってダイヤモンド型の構造をしている。

い結晶構造をしています。この形がダイヤモンドが硬い理由なのです。

ダイヤモンドは自然界で最も硬い物質ですが、もろいという性質があります。ダイヤモンドを固定して叩《たた》くと、細かく砕けてしまいます。向きによって割れやすかったり、すり減りやすかったりするので、ダイヤモンドの粉を使って削ったり磨いたりして、形を整えます。

岩石の主成分は、ケイ素と酸素です。岩石は鉱物からできています。代表的な鉱物は石英《せきえい》（二酸化ケイ素）で、石英の中でもきれいな結晶形を示すものは、水晶とも呼ばれています。

二酸化ケイ素は、ケイ素原子がやはり4本の結合の手を持ち、結合の手が2本の酸素原子と共有結合でしっかり結びついて、1つの巨大な分子になっています。

このような結晶を「共有結合の結晶」あるいは「共有結合結晶」といいます。粘土の本体は、ダイヤモンドのような共有結合の結晶である二酸化ケイ素であり、これを火で焼くと、粘土どうしが一部融け合ってしっかり結びつくので、硬くて丈夫なセラミックスになるわけです。

縄文人がサケ・マス類を煮炊き!?

初期の土器は野焼き（露天火）で焼かれました。焼成《しょうせい》温度は６００～９００℃です。多くは平地、または簡単なくぼ地で焼いたと推定されます。

帯広市の大正遺跡群大正３遺跡で発掘された約１万４０００年前の縄文土器片から、海産物を煮炊きしたお焦げが見つかりました。日欧研究チームの分析の結果、海産物は川をさかのぼったサケ・マス類の可能性があるといいます。これが、煮炊きに使われていたことが確認された世界最古の土器です。

土器は食べ物だけではなく、古代の接着剤ともいえるウルシやアスファルトを入れたり、ドングリ類のアク抜きなどにも使ったりしたことでしょう。また、子どもの埋葬や祭祀《さいし》にも利用されたと考えられています。

知ってるようで知らない！　陶器と磁器の違いって？

約１５００年前にはろくろ（轆轤）を利用し、窯を使って土器を焼くという技術が朝鮮半島から日本に入ってきました。

約1300年前には、うわぐすりを用いるようになり、焼き物に色をつけることができるようになりました。

窯を使うと、火と焼き物を切り離すことができます。そのため、焼成温度が1000℃以上の高温になり、さらに長時間焼けるようにもなりました。

窯は、内部を焼成レンガのような耐火物でおおい、薪《まき》をくべる焚《た》き口と焼成をする部屋、煙出《けむだ》しを備えた、物質を高温に加熱できる装置の総称です。

焼成温度が高いと、原料の粘土に含まれる長石や石英などの鉱物が融け、ガラス質の光沢が出て非常に硬くなります。

陶器は「土物」といわれ、粘土（陶土）を原料とし、比較的低温（800〜1300℃）で焼き上げたものです。磁器と比べると、密度が低く割れやすいため、厚く仕上げます。表面にうわぐすりをかけて焼くことが多いです。うわぐすりがかかった部分はガラスのようにツルッとしています。素朴で土の質感が残るものが多く、磁器より熱伝導率が低いので、中に入れたものが冷めにくいのが特徴です。叩くとややにぶい、にごった音がします。

わが国の陶器では、益子《ましこ》焼、萩《はぎ》焼、薩摩《さつま》焼などが有名です。

磁器は「石物」といわれ、主に石の粉末を練ったものを原料とし、高温（1200〜1400℃）で焼き上げたものです。高温で焼くため素地が硬く、強く焼き締まるので、陶器より薄くつくることができます。素地が白く表面がなめらかなため、鮮やかで細かい絵つけが映えるのも特徴です。叩くと澄んだ音がします。

わが国の磁器では、伊万里《いまり》焼、有田《ありた》焼、九谷《くたに》焼などが有名です。

ウェッジウッド少年が試みた、化学的な陶器づくりとは？

陶器は、1700年代まで、同じ皿やボウル、ティーカップなどを一度にたくさんつくろうという試みはされませんでした。陶工が1つ1つ丁寧に、多彩な色の陶器を手づくりでつくっていたのです。同じ物を注文しても、同じ形、同じ色にできる保証はありませんでした。

チャールズ・パナティ著『はじまりコレクションII　だから〝起源〟について』か

らウェッジウッドによる化学的な陶器づくりを見てみましょう。

ウェッジウッドは、1730年にイギリスのスタッフォードの陶工の家に生まれ、9歳で家の陶器工場で働きはじめました。

探究心に富んだウェッジウッド少年は、さまざまな試行錯誤を経て、家に代々伝わる方法ではなく、化学的な陶器づくりにチャレンジします。

他の兄弟たちとはうまくいかなくなり、1759年に独立して新たに陶器工房を立ち上げました。彼は、実験に実験を重ねて、新しいうわぐすりや陶土の調合、焼くときの火加減などを克明に記録しました。

そして、ついに1760年代の初め、常に一定の色に焼き上げて、上質で完璧に再生産できる陶器づくりを完成させました。この陶器は、芸術性も高い製品でした。

イギリスはそのとき、まさに産業革命の夜明けの時代でしたから、蒸気機関と低賃金の労働力が、ウェッジウッド陶器の生産性を大いに高めました。

1765年には、シャーロット王妃よりティーセット一式の注文を受けました。翌年には、製品に王室御用達《ごようたし》としての「クイーンズ・ウェア」の名が与えられました。

ヨーロッパ中の王侯貴族が、彼の製品に魅了されました。愛陶家として知られるロシアの女帝エカテリーナ2世からは200人分の食器、合計952個のクイーンズ・ウェアの注文を受けました。

ウェッジウッドは、こうして大金持ちになりましたが、アメリカ独立革命を支援し、また奴隷制にも反対しました。

1795年に亡くなり、財産の大部分は娘のスザンナ・ウェッジウッド・ダーウィンに残しました。彼女の息子は進化論を提唱したチャールズ・ダーウィンです。だからダーウィンは、経済的な心配をしないで研究に打ち込めたというわけです。

ウェッジウッドは、今も世界最大級の陶磁器メーカーの1つです。

包丁から体の中まで、こんなところにもファインセラミックス!?

20世紀に入ってからの製造技術の飛躍的進歩により、セラミックスは大きく活躍の場を広げるようになります。

材料の持つ特徴を最大限に引き出すため、高純度の原料を使い、人工的に成分調整をしてつくられたファインセラミックス（ニューセラミックス）が登場しました。エレクトロニクス、構造材料、生体材料など、幅広い分野でファインセラミックス製品は現代社会を支えています。

例えば、私たちの生活の中ですぐ目につくものには、ファインセラミックス製の包丁や皮むき器の刃があります。これらは、ジルコニア（酸化ジルコニウム）を原料とし、硬くて（ダイヤモンドの次に硬い）、頑丈で、粘りのある性質を利用しています。ファインセラミックスの刃のナイフ類はさびにくく、切れ味も長持ちし、食べ物の匂いが移りにくいといった特徴もあります。

原料のアルミナ（酸化アルミニウム）、窒化ケイ素、ジルコニアなどの軽量性、耐熱性、耐磨耗性、電気絶縁性といった優れた性質を利用して、工具、機械部品、電気部品やエンジン部品などがつくられています。

また、人工関節や人工歯根など、コンデンサーや各種基盤、絶縁体、ＩＣパッケージなどと、用途は広がっています。最近では、人工宝石やセラミックスセンサーも開発されています。

セラミックス（焼き物）は、縄文式土器からファインセラミックスまで、ずいぶんと進化したものですね。

インダス文明の崩壊は、焼成レンガが原因だった!?

現在、私たちが住む家は、木材、石材、レンガ、コンクリート、鉄鋼などでつくられています。

古代、メソポタミア文明の頃は、日干しレンガが使われていました。メソポタミアは、木があまり生《は》えていない場所でした。そのため、家をつくる構造材料に木材を使うことができなかったわけです。人々は日干しレンガで塀や建物をつくり、都市を形成していきました。

メソポタミアでは、紀元前４０００年から約１０００年間、太陽の下で乾燥させただけの日干しレンガがつくられていました。また、湿地帯に生えている葦《あし》という植物の先を尖《とが》らせてペンにして、軟らかい粘土の板に楔形《くさびがた》の文字を打っていました。

発見されたものから、メソポタミアでは粘土が文明の基礎となっていたと考えられています。

メソポタミアの都市は、日干しレンガの高い塀に囲まれていましたが、日干しレンガは風雨にさらされると土に戻ってしまいます。

しかし、インダス文明では、メソポタミアとは異なり、焼き固めたレンガが使われました。これを「焼成レンガ」といいます。

20世紀の初頭に、インドがイギリスに支配されていた頃、イギリスによって発見されたインダス文明の遺跡があります。現在では、インドとパキスタンに分かれていますが、ハラッパ遺跡とモヘンジョダロ遺跡の2つです。それらの発掘調査を通して、いろいろなことが明らかになりました。

インダス川水系を中心に、東西1600キロメートル、南北1400キロメートルにわたる広範な地域で、焼き固めてつくられた焼成レンガの文明が広がっていたことが分かったのです。

発掘により、焼成レンガで建てられた建造物群ときわめて緻密に計算された都市の遺跡が姿を現しました。市街地には、ほぼ東西、南北に走る大通りが５～６本あり、きちんと区画整理がされていました。その大通りは、ほぼ直角に交差し、小さな道により碁盤の目状に区切られていました。

また、密集して建てられていた家々は焼成レンガづくりで、各家には井戸や炊事場、洗濯場もありました。下水は、レンガづくりの下水道へ排水できるつくりになっていました。それが、モヘンジョダロ遺跡を代表とするインダス文明の姿でした。

しかしインダス文明は、紀元前１７００年頃には滅亡してしまいます。

滅亡した理由には諸説ありますが、私は膨大な焼成レンガを使った都市づくりが一因ではないかと考えています。焼成レンガをつくるためには、火が必要です。火をおこすために、過剰に森林を伐採することで自然環境が悪化し、インダス川水系の大洪水を引き起こしたのではないかと考えられるのです。

インダス文明の後、その場所はアーリア人によるハラッパ農耕文化が広がります。

しかし、そこでインダス文明が途絶えてしまったわけでなく、ある程度受け継がれ、さまざまな側面でインド亜大陸の文化展開の大きな源流になったと考えられます。そして、現在のインド、パキスタンの文化の中にも、インダス文明を受け継いだ部分がたくさんあると思われます。

コンクリートが固まるのは、水分が蒸発するからじゃない⁉

古代ローマ帝国の滅亡によって、一度途絶えてしまった技術があります。古代ローマでは建物を建てる際、何を使っていたかご存じでしょうか？

古代ローマの建物で有名な建物は何でしょうか？

パンテオン神殿やローマにきれいな水を導いていた水道の橋、闘牛場などの大規模な建築があります。古代ローマはそれらにコンクリートを使っていました。コンクリートとは、セメントと水で骨材（砂と砂利《じゃり》）を固めたものです。

では、セメントとは何でしょうか？

セメントは、セラミックスの1つです。現代のセメントは、石灰石、ケイ石、酸化鉄、粘土を細かい粉粒にして混ぜ合わせ、大きく回転する機械で１４５０℃に加熱して、粒状のかたまり（クリンカー）にし、それに石膏《せっこう》を３～５％加えて、粉末状に粉砕したものです。それを水で練って骨材を固めたものが、コンクリートになります。

みなさんは、セメントが固まるとき、水が蒸発して水分がなくなることでコンクリートになると思っていませんか？

実は違います。水はセメントに含まれる成分と化学変化を起こします。水と物質が結びついたものを「水和物」といいますが、セメント水和物ができるという化学変化によって、セメントは固まるのです。

古代ローマ時代に、ある種のコンクリートが使われていたことが分かっています。それはナポリ郊外のポッツォーリに、現在でいうセメントが天然に存在していたからです。簡単に言うと、火山灰です。何百万年もかけて火山によって、溶岩や火山灰などが噴出していました。火山ですから、噴気孔付近でその火山灰が熱せられ、セメ

パンテオン神殿

ント工場で行われるのと同じような工程が、自然に起こっていたと考えられます。そうしてできたものを、古代ローマ人はセメントと同じように固めて、コンクリートにしていたのです。これを「ローマンコンクリート」と呼んでいます。

ローマンコンクリートでつくられた古代ローマの建物の代表が、ローマ市内にあるパンテオン神殿です。パンテオンの「パン」は「すべての」、「テオン」は「神々」を意味するので、「すべての神々を祀《まつ》る神殿」ということです。

パンテオンのドームは、建てられてから２０００年経《た》っても丈夫です。パンテオン神殿は、層ごとに異なるセメントが使われており、簡単に壊れないようなドームとしてつくられています。これが古代ローマ帝国の滅亡で途絶えてしまった技術です。

パンテオン神殿は、現在も残る世界最大の無筋、つまり鉄筋の入っていないコンクリートの建造物なのです。

「ポルトランドセメント」の名前の由来って？

産業革命が進むと、原料を工場に運び込み、工場でつくったものを運び出すことが必要になります。そうすると、運輸革命が起こります。物を移動させる手段の革命です。

18世紀の後半、産業革命のはじまったイギリスでは、道路の改修、運河の建設、大きな建物の建築などが行われ、セメントが大量に必要とされました。

古代ギリシアのローマ時代以来、セメントは消石灰と粘土からつくっていました。石灰石は高温で熱すると、生石灰《せいせっかい》という石灰になります。その生石灰と水を一緒にすることで、消石灰ができます。

その消石灰と粘土をいろいろな割合で混ぜ、熱することでセメントができないかという研究がはじまります。

そして1824年、「ポルトランドセメント」という名前のセメントが発明されます。その名前の由来は、イギリスのポートランドという島の名前です。できたセメントがその島にある石灰岩と似た感じだったことからつけられたといわれています。

トンネルをイメージしてください。U字を逆さにして、広げたようなトンネルです。トンネルには、まわりから圧縮する力が加わっています。でもコンクリートは圧縮の力には強いので、トンネルが無筋でも心配ありません。

しかし、弱点があります。それは引っ張りとねじれです。コンクリートを引っ張ったり、ねじったりするともろくなります。そのため、コンクリートを建物やダムなどの建築材料に使う場合は、鋼鉄の棒と組み合わせて、鉄筋コンクリートとして使うようになっています。

第6章

ガラス

クレオパトラも
ガラスビーズを眺めていた？

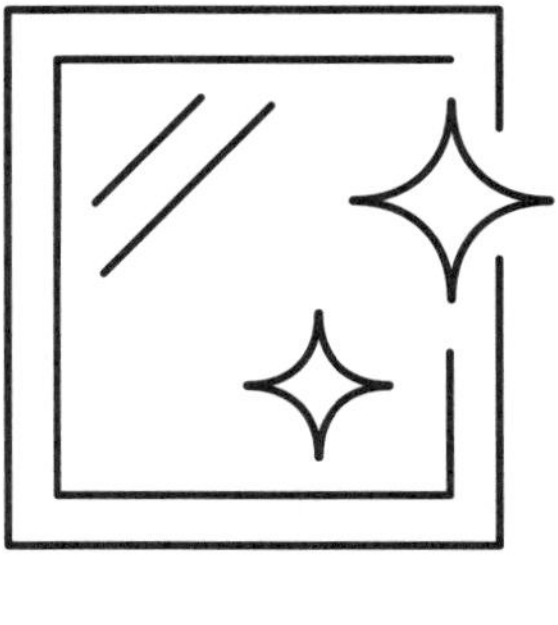

朝起きてから眠るまで、1日に何回ガラスに出合いますか？

私たちに非常に身近で、当たり前に身のまわりにあるガラスの話をしましょう。

みなさん、朝起きて、ガラスとどのように対面しますか？

例えば歯を磨くときは、鏡の前で歯を磨きますか？

洗面所には鏡があり、これはガラスでできています。さらにまわりを見ると、窓ガラスから朝の日が差し込んでくる。天井を見ると蛍光灯やＬＥＤ電球。これらもガラスからできています。

他にも、テレビ画面の一番表面のガラスは「カバーガラス」といいますが、これもガラスです。

みなさんがよく使う携帯やスマホなどの表面も、非常に薄いガラスです。家を出て電車に乗ると、まわりはガラスに囲まれています。ドアから窓、すべてがガラスで、光が差し込んでくる状況です。

そして会社や学校に着きます。ビルであれば、そのビルにもガラスが多く使用されています。ガラスは私たちにとって身近で、当たり前にあります。

私たちは、驚くほどたくさんのガラスに囲まれて暮らしているのです。

透明なだけじゃない！　ガラスの大事な性質とは？

では、ガラスとはどういったものでしょうか？

ガラス工業は、大きく3つに分かれています。板ガラス、ガラス製品、ガラス繊維です。

大部分は板ガラスの形で使われています。カメラや望遠鏡のレンズなどに使用されているものを「光学ガラス」といいます。ガラスでできた入れ物、器具が「ガラス器具」にあたります。

ガラスの性質として、一番に挙げられる特徴は、透明ということです。

私たちが見ている光のことを「可視光線」といいます。その可視光線が素通りすると、透明に見えます。

透明にはいろいろなものがあります。向こう側が見えるという透明。プラスチックやビニールシートも透明ですし、液体の水も、きれいな氷も透明です。色がついていなければ、それは無色透明です。場合によっては、色がついている透明、有色透明もあります。

それからとても重要な性質として、建物などに使われているガラスは、比較的丈夫です。しかも単に丈夫というだけでなく、気体や液体を通しません。

ガラスには「化学変化を受けにくい」という性質もあります。空気中に置いておくと、たいていの物質は空気中の酸素と結合して変質します。さびてしまうのです。しかし、ガラスはさびません。酸素が結びつくことを「酸化」といいますが、ガラスはすでに酸素と結びついており、これ以上は酸化しないのです。

また、ガラスは、硫酸、塩酸や硝酸といった酸にも影響されない性質を持っているので、これらの薬品はガラスの瓶に入れて保存することができます。

さらにガラスは、ゴムや木片と同じように、電気の流れない絶縁体でもあります。

クレオパトラもガラスビーズを眺めていた？

このような性質を持ったガラスを、人類はいつ頃発明したと思いますか？人類の歴史からみると、ガラスは意外に古くから存在したものなのです。ガラスは、紀元前４０００年以前からあると考えられています。古代エジプトやメソポタミア文明などは、紀元前５０００年、６０００年以前からあります。それらの遺跡から、ガラスのビーズが出土しています。

天然のトルコ石やラピスラズリなどといった、非常に美しい鉱物がありますが、こうした青色の鉱物の産出量はきわめて少ないので、人々はガラスに着色をしてビーズをつくっていました。コバルトという元素を入れてガラスをつくると、青色ガラスになります。

おそらくクレオパトラも、このようにしてつくられたガラスビーズを眺めていたことでしょう。なお、ガラスの起源については諸説ありますが、とても古いということを念頭に置いてください。

２０００年前にプリニウスという学者が、『自然博物誌』の中で「鍋のような入れ物を熱し、その支えが必要になったところ、その支えにソーダ灰を使った。物が燃えているところにソーダ灰が落ち、そのまわりにあった砂などと一緒になったことでガラスができた」というエピソードを書いています。

このソーダ灰とは、物質名でいうと炭酸ナトリウムです。石鹸《せっけん》などが発明される以前は、衣類や物を洗うときに使われていました。

詳細なつくり方は不明ですが、人類が物を燃やして、かなり高温にできる技術を獲得し、いろいろなものを混ぜ合わせてガラスをつくっていたと考えられます。

現在、ガラスの中で最も多く使われているのは、窓ガラスや瓶などに使われているソーダ石灰ガラスです。主原料は、二酸化ケイ素からできているケイ砂《しゃ》です。他に炭酸ナトリウムと炭酸カルシウムが使われています。

現在のガラスは、ケイ砂と炭酸ナトリウム（ソーダ灰）と炭酸カルシウム（石灰石）を、1500～1600℃の釜の中で混ぜ合わせて加熱し、それらをドロドロに融《と》かしてから冷やし固めてつくられているのです。

二酸化ケイ素は、第5章のセラミックスで説明したように、ケイ素原子と酸素原子が交互に結合した規則的なダイヤモンド型の立体構造をつくっています。

ガラスの原料が融けているときには、部分部分は規則的なダイヤモンド型ですが、その中にナトリウムイオンやカルシウムイオンが入り込み、不規則な構造のまま固体になっています。

「不規則な構造のまま固体になった」というところがガラスの構造のポイントです。

ガラスは結晶になっていない固体で、アモルファス（非晶質）と言われています。原子などの配列が規則的ではないので、結晶とそこが大きく違います。

また、ガラスの温度を上げると、一定温度で液化（融解）しないで次第に軟らかくなっていき、ついには流動性を持つようになります。だからガラスは硬いけれども、それはもともとが非常に粘性（粘っこい性質）の高い一種の液体なのだとも考えられるのです。

ガラス窓を使い始めたのは、どこの国の人？

紀元前1世紀頃に吹きガラスという方法が発明され、ビーズよりも大きなものをつくれるようになります。吹きガラスとは、ガラスを融かしたものに空気を入れて膨らませる方法です。現在でも、ガラス工房やガラスづくりのお店で体験することができます。

吹きガラスは、１０００℃以上の熱でガラスを融かし、ドロドロになったガラスを吹き竿《ざお》という棒に巻きつけ、息を吹いて膨らませます。ローマ帝国時代の人々は、ローマンガラスやローマングラスと呼んで、いろいろな形のガラスをつくっていました。

ローマ人は、紀元前４００年頃、初めてガラスを窓用に加工しました。しかし、温暖な地中海気候の場所にあっては、ガラス窓はただの面白いものにしかすぎませんでした。

本格的に窓ガラスを使おうと考えたのは、中世初期のヨーロッパ北部の国ドイツの人々です。北の国では、家の中で物を燃やすので、煙を排出する穴が天井に必要になります。この穴を「風の目」と呼び、ここにガラスをはめ込んで、ガラス窓にしたのです。

最初、ガラス窓はとても小さくつくられました。吹きガラス法でつくる丸いガラスを、さらに楕円形《だえんけい》から筒形にします。それを切って広げて、金属の平らなものを押しつけて、平らなガラスをつくります。このようなつくり方ですから、最初の頃は小さなガラス窓しかつくれませんでした。

その後、「風の目」にはめられた小さなガラスのおかげで、家の中の熱が逃げにくくなること、しかもそこから陽の光が入ってくることに気づいた人々は、家に窓ガラスを多く取りつけるようになっていきました。

ちなみに、英語では窓を「ｗｉｎｄｏｗ」といいます。「ｗｉｎｄ」とは「風」のこと。後ろの「ｏｗ」は、スカンジナビア語で「目」とか「のぞく」という意味です。

つまり、「風の目」から「窓」という言葉が生まれたというわけです。

きらびやかなステンドグラス。赤いガラスはつくりにくい？

小さい窓を大きくしたいと考えた人々は、小さく平らなガラスを鉛でつないで大きなガラスをつくりました。その後、色ガラスなどもつくられるようになります。ガラスは、少し元素を入れることで、違った色のものをつくることができます。

青や緑は、比較的つくりやすい色ですが、赤はつくりにくい色です。赤色のガラスをつくるには、金とスズを一緒に融かして混合します。混合したときには人間の目に見えませんが、もう一度加熱すると金イオンが形成され、それがたくさん集まって、ようやく人間の目に見える粒になります。これを「金コロイド」といいますが、こうして赤く見えるガラスがつくられます。

このように色づけされたガラスは、中世で権力を持っていた教会で使用されました。教会の窓を飾るきらびやかなステンドグラスは、ガラス窓の作製技術の進歩によって、もたらされたものなのです。

次第にガラスが一般化してくると、普通の家でもガラス窓が使われるようになりました。

その後、ガラスを円筒形にし、それを開いて板ガラスにする技術ができます。これを「円筒法」といいます。17世紀にはせいぜい1メートル程度だったのに、やがて幅4メートルにもなる大きなガラスがつくられるようになります。

1687年には、フランスのガラス職人が熱い融けたガラスを大きな鉄の台の上に広げ、重い金属ローラーで伸ばす方法で、大きな板グラスを製造するようになります。

これにより、初めて姿見がつくられるようになりました。姿見は、最低でも人間の身長の半分の長さが必要です。姿見も次第に、いろいろなところで使われるようになりました。

板ガラスの発明で、窓が大型化した？

さらに画期的な方法が生まれます。これは1959年のことになりますが、板ガラスにとって革命的な方法でした。ただし、この方法には、約1600℃という高い温度が必要になります。理科の実験で使うガスバーナーでは、せいぜい800℃が限度ですから、とても高い温度です。

１６００℃で融けたガラスを、液体にしたスズの上に流し込み、冷やしていきます。これを「フロート法」といいます。

スズは低温で融けやすく、その液体の表面は真っ平らになります。その上に融けたガラスを流し込み、時間をかけて冷やしていきます。そうすると、上も下も真っ平らのガラス板ができます。

これは板ガラス工業においては、非常に革命的な方法でした。20世紀の半ば以降にようやく、平らに仕上がった板ガラスが連続的につくられるようになったわけです。

その後、板ガラスはさまざまな場所に使われ、大型化されていきました。

総ガラス張りの建物は、万博から生まれた?

ここで、第5章のセラミックスの続きをお話ししましょう。

ローマ帝国のコンクリートの技術が途絶えたため、１０００年以上コンクリート製の建物は建てられませんでしたが、その後、建築の骨組みに鉄骨が使われるようになります。鉄が使われるようになったのは、19世紀に製鉄業が盛んになってからのことです。

最初の試みは、1851年のことでした。鉄とガラスだけを用いた水晶宮という建物が、ロンドンの博覧会の目玉として建てられました。

これは画期的な建物で、長さ563メートル、幅124メートル、ドームの頂上の高さが33メートルで、使われた材料のほとんどは銑鉄《せんてつ》（鋳鉄《ちゅうてつ》）でした。

この大きな建物は9か月でつくられました。プレハブ工法の走りです。

前もって工場で必要な部材をつくり、現地でそれを組み立てていくので、工期を非常に短くできます。大きな面積の建物を短期間で仕上げるために、事前につくっておいた規格の部材を持ち込み、現場で組み立てられました。

水晶宮はガラスを多用したので、とても明るく、しかも装飾を極力除いたそのつくりは、斬新で機械的な美しさを備えており、近代建築の初期を飾る、最も有名な建築物になりました。

展覧会後は移築されましたが、火事で焼失し、現存していません。当時の博覧会では、このような目玉となる建物、製品が多くつくられました。博覧会ごとに、人がアッと驚くようなものが展示されるというのが常でした。

例えば、1889年にパリで博覧会が開かれましたが、このパリ万博では、エッフェル塔が目玉でした。この塔は錬鉄《れんてつ》でつくられました。

その後、建築物の鉄骨は、銑鉄や錬鉄よりずっとしなやかで丈夫な鋼鉄になりました。コンクリートは、押しの力には強いのですが、引っ張りやねじれの力には弱いという欠点があります。そこで、その欠点を改善した鉄筋コンクリートが用いられるようになりました。鉄筋コンクリートは、組み合わせた鋼鉄の棒を芯にして、そのまわりにさらに砂や砂利《じゃり》を加えたセメントを水で練って入れ、放置して固めたものです。

こうして、鉄筋コンクリートの建物は、ガラスと組み合わさって、都市の景観になっていきました。

鉄筋コンクリートによる新しい都市景観をつくっていったのはアメリカです。ヨーロッパは、それぞれの歴史が古く、伝統に縛られます。

それに対して、アメリカは新しく建設された国であるため、新しい技術を次々と取り入れていくことができたので、都市に何十階建ての高層建築がつくられるようになりました。

鉄筋コンクリートの建物を支えている鉄筋が腐食していけば、建物は寿命を迎えます。そうするとその建物のいろいろな場所に穴を開けて火薬を差し込み、その火薬の間にケーブルを這《は》わせて導火線にし、爆発させて建物を崩します。制御解体という方法です。

そしてまた、新しい技術を取り込んだ、新しいビルが建てられていくことになります。

第7章

ダイナマイト

家庭用コンロのガスが臭いのはなぜ?

見えない、臭わない！　恐怖の一酸化炭素とは？

東京消防庁管内の火災原因の上位は、ここのところ「放火・放火の疑い」「たばこ」「ガステーブルなど」です。全国的には「焚《た》き火」も多いです。

「たばこ」は、とくに飲酒で酩酊《めいてい》して寝たばこをし、そのまま寝込んでしまっての火災、その結果の死亡が多いようです。

「ガステーブルなど」は、第3章の「火」で扱ったてんぷら油火災のように、ガステーブルを使っているときに火のそばを離れてしまったり、火を消し忘れたりしたことによる出火、あるいはガステーブル近くに置いた可燃物への着火によるものなどがあります。

さらに家庭での火事では、電気ストーブ（温風機、ハロゲンヒータ、カーボンヒータなど）が可燃物に接触し、死傷者が出る事故が目立ちます。

室内で、ガスコンロや石油ストーブやファンヒーターなどの燃焼器具を使うときには、火災だけではなく、一酸化炭素にも注意する必要があります。

一酸化炭素は、無色・無味・無臭でその存在を感じることがとても難しい気体ですが、毒性は大変強力です。そのため、一酸化炭素中毒事故は、締め切った部屋など、閉じられた空間内での練炭やガス・灯油の燃焼器具、あるいはガソリンエンジンの使用などで、よく起こっています。

一酸化炭素の空気中の濃度は１～10ppm（ppmは濃度の単位で１００万分の１、０・０００１～０・０００１％）程度です。締め切った部屋で燃焼器具を使用していると、室内の酸素濃度が減っていきます。そして酸素濃度が18％を下回ると突然、器具の燃焼性能が悪くなり、不完全燃焼により排出される一酸化炭素の量が急増します。

風通しが良くない場所で物を燃やしているときに、頭痛や吐き気がしたら要注意です。もし、一酸化炭素中毒になりかけた場合は、被災者を新鮮な空気のある場所に移し、速やかに医師の診察を受けさせます。呼吸困難や呼吸停止状態のときは、直ちに人工呼吸を行う必要があります。

私たちの体内で全身の細胞に酸素を運んでいるのは、赤血球中に含まれているヘモ

一酸化炭素の中毒症状

一酸化炭素濃度	吸入時間と中毒症状
0.02%（200ppm）	2〜3時間内に軽い頭痛
0.04%（400ppm）	1〜2時間で前頭痛 2.5〜3.5時間で後頭痛
0.08%（800ppm）	45分で頭痛・めまい・吐き気 2時間で失神
0.16%（1600ppm）	20分で頭痛・めまい・吐き気 2時間で死亡
0.32%（3200ppm）	5〜10分で頭痛・めまい 30分で死亡
0.64%（6400ppm）	1〜2分で頭痛・めまい 10〜15分で死亡
1.28%（1万2800ppm）	1〜3分で死亡

※ppmは環境中の化学物質の濃度を表す単位。
parts per million（100万分の1）を略したもの。

出典：厚生労働省広島労働局ホームページ

グロビンです。肺で受け取られた酸素は、ヘモグロビンに結合して細胞まで運ばれます。

ところが、一酸化炭素は血液中のヘモグロビンと結合する力が酸素より約200倍も強いため、一酸化炭素があると酸素とヘモグロビンの結合が阻害されてしまいます。

血液中のヘモグロビンの3割に一酸化炭素が結合すると頻脈や頭痛、吐き気、めまいなどの症状が表れ、ヘモグロビンの5〜8割に一酸化炭素が結合すると、意識喪失から昏睡《こんすい》やけいれんを起こして死に至ります。

家庭用コンロのガスが臭いのはなぜ？

「ガスが爆発」「水素の実験で爆発事故」といったニュースが新聞に出ることがあります。都市ガス（主成分はメタン）やプロパンガス、水素と空気（酸素）が混ざっているところに火がつくと、爆発が起こりやすいのです。

例えば、水素と酸素の混合物に火をつけると、燃焼が周囲に非常に速く伝わっていきます。急激な燃焼によって突然高い温度が生じると、周囲の空気は急速に膨張し、ドカンと爆音を発しながら、物を吹き飛ばします。このときの爆発は、化学変化で、非常に速い燃焼です。

身近で爆発を利用しているものにガソリン自動車があります。ガソリン自動車は、ガソリン蒸気と空気の混合物を爆発させてエンジンを動かして走っています。燃える物質と空気（酸素）が適当な割合で混ざっていれば、火がつくと爆発が起こります。天然ガスやガソリン蒸気などが、あらかじめ適当な割合で空気と混ざっているところに火がつくと、爆発するのです。

ですから、もともとは無臭の家庭で使われているガスコンロのガスには、ガス漏れがすぐ分かるように、微量でも強く臭う気体が混ぜてあります。

日本に火薬が伝来したのはいつ？

火薬（火薬類）とは、熱や衝撃によって爆発する物質で、そのエネルギーを有効に利用できるものです。

夏の夜空を彩る花火は、黒色火薬の爆発と金属元素の炎色反応を利用しています。ダイナマイトが登場するまで、黒色火薬が、土木工事や鉱山での採掘に、爆薬として使われていました。黒色火薬は、今でも花火や岩を壊すための爆薬の導火線などに使われています。

火薬の起源は明らかではありませんが、6~7世紀の中国だという説が有力です。羅針盤、紙、活版印刷と並んで、火薬は中国の4大発明ともいわれています。火薬は、木炭、硫黄、硝石（硝酸カリウム）をそれぞれ粉末にして混ぜてつくります。黒いので、「黒色火薬」と呼ばれているのです。

日本に黒色火薬が入ってきたのは、鉄砲が伝来したときです。1543年、種子島《たねがしま》に1隻のポルトガル船が漂着し、その乗員が鉄砲を持っていました。島主の種子島時堯《ときたか》は大金を積んで、2挺《ちょう》の鉄砲を譲り受けました。

これをきっかけに、日本では、ポルトガル人がもたらした黒色火薬よりもさらに強力な黒色火薬がつくられ、刀鍛冶《かたなかじ》の伝統を踏まえた鉄砲鍛冶による国産化が進み、多数の鉄砲がつくられました。

日本で、鉄砲が戦いの場に大きな影響を与えたのは、1575年の長篠《ながしの》の戦いだといわれています。織田・徳川は3000挺、武田は500挺の鉄砲を動員していました。ただし、織田・徳川の勝因は、鉄砲だけではなく、さまざまあるようです。

伝来からわずかの期間で、鉄砲は大量生産され、性能も改善され、全国に普及していきました。こうして、日本は世界有数の鉄砲保有国になっていったのです。

打ち上げ花火は、どうしてきれいに開くの？

黒色火薬については、「燃焼の華」ともいえる花火の話で締めくくりましょう。

夏の夜空を彩る花火は、今では世界中で楽しまれていますが、発祥は中国です。中国では、発明した黒色火薬を戦いに用いたばかりでなく、祭りのときなどには、その爆発音を楽しんだようです。

花火は、黒色火薬と金属や金属の化合物の粉末を混ぜて松脂《まつやに》などで固め、紙などで包み、点火して燃焼・破裂させ、音・光・炎色・煙などを観賞します。

打ち上げ花火は「玉」と呼ばれる紙製の球体に「星」と呼ばれる火薬の玉を詰めたものを、火薬を使って打ち上げる花火です。打ち上げるときに導火線に点火し、高く上がったところで、導火線から玉内部の割火薬《わりかやく》に点火されて「玉」が破裂し、「星」が飛散します。

色は、主に炎色反応によるものです。金属元素の化合物を炎に入れると、金属の種類によって炎に色がつきます。赤はストロンチウムの化合物、緑はバリウムの化合物、黄はナトリウムの化合物、青は主として銅の化合物でつくります。赤、緑、黄、青以外の色は、いろいろな化合物を混ぜてつくります。

白いピカピカと輝く色は、アルミニウムやマグネシウムなどの金属粉末が燃焼するときに出ます。玉の中には金属粉と酸化剤（反応して金属に酸素を強く結びつけるもの）が混ぜてあって、反応すると大量の熱を出し、3000℃ほどの高温になり、白く輝きます。

日本では、江戸時代の1732年に大飢饉《ききん》で多くの餓死者が出たばかりか、疫病コロリ（コレラ）が猛威を振るい、たくさんの犠牲者が出ました。翌年、8代将軍徳川吉宗《よしむね》は、犠牲となった人々の慰霊のために隅田川で花火を打ち上げました。これが、今や夏の風物詩となった花火大会のはじまりです。

炎色反応が起こっているとき、炎の熱で金属中の電子のエネルギーが、低い状態から高い状態に高められます。エネルギーの高い状態は電子にとって不安定な状態なので、電子は再びエネルギーの低い状態に戻ります。そのとき、可視光線の波長の光が放たれるので、私たちの目に色が見えるのです。

つまり金属は、炎からもらった熱エネルギーを、光のエネルギーに変えて放出するわけです。炎色反応を起こさない金属もありますが、これは電子が高エネルギー状態から低エネルギー状態に戻るとき、可視光線ではない光を出すので、私たちの目には色が見えないのです。

爆発するけど命も守る、ニトログリセリンとは?

黒色火薬には、ぬれると発火しない、煙がひどい、力もそれほど強くはない(岩を砕けない)などの欠点がありました。このため軍隊や産業界は、新しい強力な火薬の出現を、長いこと待ち望んでいました。

1845年にはニトロセルロース、のちに「綿火薬」と呼ばれるものが発明されました。

これは、綿に混酸(硫酸と硝酸の混合物)を混ぜて反応させてつくります。爆発力は黒色火薬よりずっと強いのですが、爆発しやすかったので、火薬工場や倉庫でたびたび大爆発を起こしました。

2015年8月12日には、中国天津《てんしん》市の国際物流センターにあった危険物倉庫でニトロセルロースが自然発火し、大爆発が起っています。この爆発事故で、165人の死者と8人の行方不明者、798人の負傷者が出ました。

ニトロセルロースが発明された1年後に、ニトログリセリンが発明されます。これは無色透明の液状の物質で、叩《たた》いたり熱を加えたりすると、ものすごい勢いで爆発します。少々のショックで爆発してしまうので、運搬や保存が難しい物質です。

ニトログリセリンはニトロセルロース同様、使いづらかったため、その後、主に心臓の薬として利用されることになりました。結局、新火薬が待望されながらも黒色火薬が使い続けられていました。

歴史を変えた大発明「ダイナマイト」はどうして生まれたのか？

そんなときに発明されたのが、ダイナマイトです。

ダイナマイトは火薬・爆薬の仲間です。これは戦争のときにも平和なときにも、また破壊するときにも建設するときにも、人々の生活に大きな影響を与えてきました。

ダイナマイトの発明者ノーベルは１８３３年、スウェーデンのストックホルムに生まれ、今のロシアのサンクトペテルブルクで教育を受けた後、アメリカで機械工学を学び、再びサンクトペテルブルクに戻って、父親と爆薬製造事業を営みました。

ノーベルはニトログリセリンをたくさんつくり、売り出そうと、父や兄弟たちと事業をはじめるようになったのです。ところが彼の工場でも爆発事故が起こり、弟が亡くなってしまいます。

そこでノーベルは、ニトログリセリンを安全に扱えるようなものにしようと決意し、実験をはじめます。

彼は「物に染み込ませれば安定化し、物理的なショックでは爆発しなくなるのではないか」と考え、紙、パルプ、おがくず、木炭、石炭の粉、レンガの粉など、いろいろな物にニトログリセリンを染み込ませてみました。そうして、最後にケイソウ（珪藻）土にたどり着きます。

ケイソウは葉緑体を持った藻類の一種で、0・1ミリメートル以下のサイズなので、顕微鏡でなければ見えませんが、多数集まると緑色に見えます。

ケイソウは、殻が主に二酸化ケイ素でつくられています。殻には小さな穴がたくさん開いています。

ケイソウは死ぬと水の下に沈み、葉緑体などは分解され、殻だけが残ります。殻は岩石の主成分と同じ二酸化ケイ素からできているので、耐火性があって丈夫です。殻が地層として溜《た》まり、地殻変動で持ち上がると、ケイソウ土の地層が陸上に現れます。そこを掘ればケイソウ土が取れます。ケイソウ土が固まって岩石のようになっていることもあります。岩石のようになったケイソウ土でつくられているのが、炭火をおこすのに使われる七輪《しちりん》です。

このケイソウ土にニトログリセリンを染み込ませたら、安全なものになり、叩いても爆発しなくなりました。

では、爆発させる方法ですが、彼はダイナマイトとあわせて、もう1つ発明しています。それが起爆用の雷管というものです。

ダイナマイトの筒の中には、ニトログリセリンを染み込ませたケイソウ土が入っています。筒の先頭のほうに、雷管と導火線があります。その導火線につけた火が雷管までくると爆発するわけです。これにより、ニトログリセリンを含んだケイソウ土が誘爆します。爆発力もニトログリセリンと変わらない爆薬が開発されました。

開発の1年後、ノーベルは「ダイナマイト」という名前をつけて、売り出しました。かばんにダイナマイトをいっぱいに詰めて、世界各国を売り歩いたのです。

当時の戦争では、兵士は塹壕《ざんごう》、つまり穴や溝を掘って、その中に隠れて撃ち合っていました。そういうところでうまくダイナマイトを仕掛ければ、塹壕をつぶすことができます。それから補給路を断つために、橋などを爆破して落とすこともできます。

いろいろな国に営業に行くと、一番興味を示したのはフランスでした。

ノーベルが発明したのは、ダイナマイトだけではありません。1884年には、無煙火薬「バリスタイト」を発明しています。これはニトログリセリンとニトロセルロースを合わせ、樟脳《しょうのう》で練ったものです。大砲を発射する際の発射薬に使われました。

種子島以降の鉄砲でも、昔の大砲でも、黒色火薬が発射薬でしたが、致命的な欠点が大量の煙でした。そのため煙が出ない火薬、無煙火薬が強く求められていました。

そこでノーベルは、バリスタイトも世界各国に売り込んだわけです。

そして世界各地で15もの爆薬製造工場を経営し、さらにロシアではバクー油田を開発して、巨万の富が彼の手に入ってくることになりました。

ノーベルが高性能な爆薬を発明した意外な理由って?

ノーベルの兄が死んだとき、新聞社はノーベル本人が死んだと思い、記事を出しました。その記事には「可能な限りの最短時間で、かつてないほど大勢の人間を殺害する方法を発見し、富を築いた人物が、昨日死亡した」と書かれていました。この記事を読んだノーベルは、打ちひしがれたといわれています。世の中が自分のことをどう見ているか、それを知ったからです。

ノーベルは死の1年前（1895年11月27日）に、「私の遺産は次のように処分してほしい」という遺言書を残します。遺言書には、物理学、化学、生理学または医学、文学、平和についての賞をつくって、「人類に最も尽くした人々に、自分の残した財産の利子を賞金として与えます」と記されています。

ノーベルの死後、ストックホルムにノーベル財団がつくられ、1901年からノーベル賞の授与がはじまりました。当初は物理学、化学、生理学・医学、文学、平和の5つの種類でスタートしましたが、1968年に経済学賞が新設され、今は6部門になっています。

少し考えさせられるのは、ノーベルは平和についてどう考えていたかということです。自分が発明したダイナマイトやバリスタイトが戦争に使われたという負い目から、平和賞をつくったと思っている人が多いかもしれません。

ところが彼の考えは違います。それには女流作家のズットナーとの交流が関係していると考えられています。ズットナーは当時、小説『武器を捨てよ！』を書いてベストセラー作家になり、著名な人でした。

ズットナーは1週間ほどノーベルの秘書をしていたことがあり、また2人は10年来の友人でもありました。ズットナーは平和活動家です。ノーベルは彼女に、「永遠に戦争が起きないようにするために、驚異的な抑止力を持った物質か機械を発明したい。敵と味方がたった1秒間で完全に相手を破壊できるような時代が到来すれば、すべての文明国は脅威のあまり、戦争をやらなくなるだろう。軍隊を解散させるだろう」と語っていました。

ノーベルが、優秀な戦争用の火薬を開発し、各国の軍隊に売り込んだ背景には、こういう考えがあったのかもしれないといわれています。ズットナーは、軍備を減らしてなくすという考えですから、ノーベルとは大きな見解の相違があったようです。

しかし、ノーベルの遺言書の中にある平和賞の趣旨を見ると、「国家間の友好関係を促進し、平和会議の設立や普及に尽くし、軍備の廃止や縮小に最も大きな貢献をした者に与えられる」と書かれています。

ノーベルが考えた「一瞬に相手を破壊できるものをつくれば、戦争の抑止力になる」という考えと矛盾するように思えます。おそらくノーベルは、ズットナーの『武器を捨てよ！』に感激して、平和賞を思い立ったからではないかとも考えられていま す。実際、1905年のノーベル平和賞はズットナーに授与されています。

第8章

染料

アイシャドーと口紅、化粧品はどこで生まれた？

洋服にたくさんのカラーバリエーションがあるのはどうして？

衣食住の中で衣というのは、暑さ寒さをしのぐだけのものではありません。人類は昔から美しく着飾りたいという欲望を持って発展してきたので、私たちの衣服はさまざまな美しい色に染められています。

色のもととなる物質を「色素」といい、色素の中でも繊維や皮革などを染めることができるものを「染料」といいます。

染料は繊維だけでなく、あらゆるものを染めています。紙、プラスチック、皮革、ゴム、医薬品、化粧品、食品、金属、毛髪、洗剤、文具、写真などです。

19世紀の中頃までは、天然染料の時代でした。天然染料は、大きく植物性と動物性に分けられます。

植物性染料で有名なのはウコン。英名はターメリック、鮮やかな黄色が特徴です。他に、紅花《べにばな》、黒みを帯びた赤色の蘇芳《すおう》、根を紅色の染料に使う茜《あかね》、葉を青色の染料に使う藍《あい》などがあります。藍や茜は、古代エジプトのミイラを染めるのにも使われました。

動物性染料で有名なものに、貝紫《かいむらさき》という紫色の染料や、コチニールという赤い色の染料があります。

コチニールは今でも天然染料として、食品を赤く染めるのによく使われています。コチニールは、コチニールカイガラムシがつくり出します。コチニールカイガラムシは、サボテンに寄生している昆虫です。メスが体内に赤い色素を持っています。このカイガラムシは別名エンジムシとも呼ばれ、ペルーやメキシコなどに生息しています。コチニールは、マヤ文明やインカ文明の頃から口紅や布の染料として使われてきました。その後、スペインが新大陸に上陸すると、コチニールを専売するようになりました。

ペルーなどの南米では、現在もサボテンを栽培し、それを餌にするコチニールカイガラムシを大量生産しています。

奄美大島《あまみ》では、今でも天然の藍染めをしています。

藍という植物の葉を発酵させ、この液の中に布地を入れてもみ込み、繊維の中まで藍の色素をしっかりと染み込ませます。液から布を引き上げると、布は緑色から藍色へと変化します。これは空気に触れると、色素が酸化して発色するという性質を利用しているのです。

藍染めは、藍に染め、空気に触れさせるという作業を何回もくり返し、深い色に染め重ねていく染め方です。最後は、水洗いし、乾燥させて色止めをします。

お金持ちしか着られなかった「貝紫染め」ってどんな色？

古代に、フェニキアという海洋国家がありました。この国では、貝を使った紫色の染色が行われていました。これはアッキガイという巻貝の内臓から取り出したパープル腺を用いた染色法です。

パープル腺の中には、無色か淡黄色の色素が含まれています。それを取り出し、繊維にすりつけ、空気中の酸素で酸化させるわけです。そうすると、分泌液のついた部分は、赤みがかった美しい紫色に変わっていきます。

しかし、色素は1個の貝に少ししか含まれていません。1グラムの染料を得るのに、1000～2000個の貝が必要になります。とても高価なものなので、当時はお金持ちの人しか、この貝紫で染めた衣類を着ることはできませんでした。王侯貴族や高僧しか着られなかったため、その色は、ロイヤルパープル、つまり帝王紫といわれたそうです。

18歳の少年が、人類初の合成染料を発明したってホント？

天然染料の時代から合成染料の時代に移り変わるとき、最初に活躍したのが、合成染料を世界で初めてつくったパーキンという若者です。

1855年9月、ウィリアム・ヘンリー・パーキンは、ドイツから招かれていたイギリス王立化学大学のホフマン教授を訪ねます。ホフマン教授は農業の研究をしていましたが、当時、タールの研究に熱中していました。石炭を蒸し焼きにすると、コークスになると同時にガス状のものができます。これを「石炭ガス」といい、照明に使われ、ロンドンやパリの街を明るくしていました。

当時、コークスと石炭ガスをつくる際に一緒にできる「黒くてネバネバしたもの」は、実験装置やパイプを詰まらせるので、厄介者とされていました。それは、「タール」あるいは「コールタール」と呼ばれているものです。

ホフマン教授は、そのコールタールを何かに利用できないかと研究を重ね、ベンゼンを取り出すことに成功していました。そしてこのとき彼は、マラリアの特効薬キニーネを合成できないかと一生懸命研究している最中でもありました。パーキンが彼の研究室にやってきたのは、そうしたときでした。

当時、パーキンは17歳。ホフマン教授に言われた仕事が終わると、自分の研究をするわけです。パーキンは、ホフマン教授からキニーネをつくる研究を任され、毎日研究しました。マラリアは蚊を媒介にして、全世界で最も多くの人を殺している病気でしたから、17歳のパーキンはこの研究に熱心に取り組みました。

パーキンが助手になって1年が過ぎました。毎日忙しいけれど、キニーネはできません。キニーネの炭素・水素・酸素の割合は分かっているけれど、同じ割合にしてもキニーネはできない。これは、炭素・水素・酸素の結びつきが複雑だからでした。

そんな中、パーキンはベンゼンにNH_2がくっついたアニリンを原料にして、キニーネがつくれないか試しますが、やはりできない。次に、このアニリンに希硫酸と二クロム酸カリウム（以前は重クロム酸カリウムと呼ばれていた）で酸化したらどうなるだろうと試します。もちろんキニーネはできません。

しかし、ビーカーの底に黒っぽいカスが溜《た》まっていました。この黒っぽいカスを捨てようとしたところ、パーキンの脳裏に「今まで見たことがないものだ」という直感がひらめきます。そこで彼は、アルコールにその黒いカスを溶かしてみました。するど、どうでしょう。陽に透かして見ると、鮮やかな紫色が現れたではありませんか。

そのときパーキンは、昔エジプトの王が着る衣服を紫色に染めるために、何万個という巻貝を取っていたという話を思い出します。そして「この紫色は、それと比べても遜色のないものであり、染料に使えるのではないか。しかも安価でつくれるのではないか」と考えました。

以後、彼は染料合成の研究に乗り出し、キニーネの合成の研究はやめてしまいます。のちにその紫の染料は、アニリンの酸化によってではなく、アニリンによく似たトルイジンの酸化によって生成されていたことが分かりました。

そして、18歳のパーキンは、特許を取り、ホフマン教授のもとを去ります。1856年のことです。その後、パーキン父子商会をつくり、1857年に工場を建てます。

しかし、生産にこぎつけたにもかかわらず、染料がどんどん返品されてきました。染料がきちんと染まるためには、媒染剤が必要です。媒染剤がないと色が定着しません。当初は媒染剤で処理されなかったため染着性が悪く、うまく染まらなかったのです。研究を重ねた結果、パーキンは、タンニンや柿の渋に含まれている物質を使うと染め色が定着することを突き止めました。

こうして染め方の問題点が解決されると、コールタールからつくられた最初の合成染料は「モーブ」という名前で売り出されました。この合成染料は美しくて安価だったので、急速にヨーロッパ中に広まっていきました。天然染料の難しいところは、品質が一定でなく、染めるものによって差ができてしまうことなのですが、合成染料の場合はどんなものも、均一に染めることができました。

１８６２年のロンドンの万国博覧会では、コールタールから取り出した物質からつくられるとても美しいアニリン染料を、黒くて汚らしいコールタールと並べて展示し、人々を驚かせました。

パーキンのモーブは現在では使われていませんが、このように石炭からいろいろなものをつくる石炭化学工業から、石油化学工業に移り変わります。

パーキンの研究は、石炭や石油を原料にしてさまざまな化学製品をつくる化学工業の幕開けであったといえるでしょう。

色がきれいでも、染料にできないのはなぜ？

染料というのは、色がつけばよいというわけではなく、繊維になじみ、絡んで、簡単に落ちないものでなければなりません。

日光のエネルギーは、さまざまなものを分解しますが、それにも耐え、洗濯や摩擦、汗などにさらされても色があまり変わらないという安定性を持っていることが大切です。

ある物質の色が美しくても、その物質が染料になるとは限りません。繊維の分子の隙間に色素の分子が入り込んで化学的に結びつき、しっかり付着して離れなくなることが必要です。繊維の分子と色素の分子が化学的に結びつかないと、すぐに色落ちしてしまいます。

繊維は木綿（セルロース）、絹や羊毛（タンパク質）などの天然繊維、ポリエステル、アクリル、ナイロンなどの合成繊維などさまざまな物質からできていて、それぞれ化学的性質が違います。つまり、繊維によって繊維の分子と色素の分子の化学的な結びつき方が違うため、繊維ごとに使う染料や染め方を工夫しなければなりません。

ドイツで、化学工業が開花した理由とは？

当時は、炭素や水素の割合が何%ということは分かっていても、染料の分子構造までは解明されていませんでした。

ベンゼンだけでなく、アニリンについても、基本の骨格となるベンゼン環（六角形の亀の甲羅のような構造）が分かっていませんでした。

１８６５年、ケクレという化学者がベンゼンの構造を明らかにします。彼はあるとき、蛇が自分の尻尾を噛《か》んで輪状になった夢を見て、ベンゼンの環状構造を思いついたといわれています。

こうしてベンゼンの六角形の構造が解明されると、天然染料の構造も明らかになりました。また、「これをこういうふうな順序で合成していくと、最後にこれになるのではないか」という化学変化の道筋も分かるようになりました。

たまたまできたということでなく、理論的な見通しを持って物質を合成していくことができるようになったのです。

パーキンは、茜という植物の持つ赤色色素アリザリンの合成にも成功しますが、ドイツの20代の化学者２人もアリザリンの合成に成功し、１日違いで彼らが先に特許を取ってしまいました。

その後、合成染料などをつくって売る会社が大きくなっていきます。工業化して大々的に売りさばくことにより、世界をリードしたのはドイツでした。

イギリスは当時大帝国となって保守的であったためか、若くはつらつとしたドイツが伸びていきます。ドイツは、イギリスに出向いていたドイツ人化学者を莫大《ばくだい》なお金で呼び戻し、大学に化学実験室、会社には研究のセクションをつくります。こうして、ドイツの化学工業が世界をリードしていくようになるのです。

初めはドイツの染料会社も、イギリスからの輸入に頼った小さな会社でしたが、数十年のうちに、原料から合成したあらゆる化学製品を多角的に製造、販売するような大会社に発展していきます。

次に起こったのは、天然染料の売れ行きが壊滅的になるという事態でした。天然染料の多くは、イギリスの植民地でつくられていました。

例えば藍は、イギリス領インドにおいて50万ヘクタールの畑でつくられていましたが、つくっても合成染料に太刀打ちできなくなるのです。

１８７１年にドイツ帝国ができ、帝国が考えたのは、国内産業を興して自給自足することでした。また、大学や高等技術専門学校を整備し、化学者を育成する。そして、充分な研究条件を与え、企業内部に研究部をつくるという方針を立てます。

そうして、合成染料を軸としたドイツの化学工業は大きく飛躍し、19世紀末にはドイツの化学製品が、世界を独占するに至りました。

ここまでのお話は、イギリスでパーキンが発見した合成染料からはじまった物語でしたが、若くはつらつと伸びていく資本主義国としてのドイツが現れて、化学はドイツのものになっていったわけです。

アイシャドーと口紅、化粧品はどこで生まれた？

草花や衣類の色彩など、私たちの住む世界は色であふれています。おそらく人類は、昔からカラフルな色を好んでいたのではないでしょうか。

そう思えるのは、後期旧石器時代に描かれたスペイン北部のアルタミラ洞窟《どうくつ》やフランス南西部のラスコーの洞窟に、色鮮やかで躍動感あふれる動物壁画があるからです。


炭素14年代測定法で調べた結果、アルタミラの洞窟壁画は紀元前1万7000〜1万3500年前、ラスコー洞窟の壁画は紀元前1万6400〜1万4600年前に描かれたことが明らかになりました。これらを描いたのは新人のクロマニョン人。彼らは約4万年前からヨーロッパに住んでいて、現代ヨーロッパ人の直接の祖先と考えられています。


壁画にはいずれも、黒・赤・黄・茶・褐色の顔料が使われていました。

顔料は水や油などの溶剤に溶けない粉末で、物に不透明な色をつけるものです。顔料という名のとおり、化粧品の着色剤としても使われています。

顔料と染料は、どちらも色がついていますが、大きな違いは、顔料は水や油などに溶けない粉末なのに対し、染料は水や油などに溶けるということです。

例えばアルタミラやラスコーの洞窟壁画の黒色は木炭や二酸化マンガンでしたが、赤色や黄色は、酸化鉄（Ⅱ）の粉末でした。これらを獣脂などに混ぜて用いました。酸化鉄（Ⅱ）の粉末は、今でも赤色顔料として使われています。インドのベンガル地方から出荷されたので、「ベンガラ」と呼ばれています。ベンガラは世界最古の赤色の顔料です。

古代エジプトの王妃の化粧は、まぶたに黒い方鉛鉱《ほうえんこう》（鉛の鉱石）と緑の孔雀石《くじゃくいし》（銅の鉱石、マラカイト）の粉末を使い、唇にベンガラを塗りました。これがアイシャドーと口紅のルーツです。

その後、赤色はベンガラよりも鮮やかな「水銀朱《すいぎんしゅ》」といわれる硫化水銀も使われるようになりました。『古事記』や『日本書紀』にも、硫化水銀の存在が書かれています。古墳時代の墳墓の石室や木棺にも、大量の水銀朱が使われています。水銀朱は最近まで、捺印《なついん》用の朱肉に使われていました。

人工的な顔料第1号は、鉛白《えんぱく》です。鉛板に熱した空気、二酸化炭素、酢酸の蒸気および水蒸気の混合気体を吹きつけると生じます。鉛白は、皮膚をおおう化粧品のおしろい（白粉）として長く使われました。

しかし、鉛中毒により、胃腸病、脳病、神経麻痺《まひ》などを引き起こし、死に至る事例が多くありました。日常的に多量の鉛白粉を使用する舞台俳優は、胸元や背中に至るまで幅広くおしろいをつけるために、その症状が顕著でした。１９３４年には、鉛白を使用したおしろいの製造が禁止されました。

その後、さまざまな金属元素を用いた顔料がつくられ、１９００年代には無機顔料のほとんどの色が出そろいました。困ったことに、無機顔料の大半は、鉛白のように、クロム、水銀、カドミウム、ヒ素などの重金属を原料とするため、顔料自体の毒性が大きかったのです。

代わりに使われたのは、例えば白色ならば、安全性の高いチタンホワイト（二酸化チタン）や酸化亜鉛でした。毒性の大きい無機顔料は、現在では無毒のものの組み合わせで合成された、毒性の小さい有機顔料に置き換わっています。

第9章

医薬品

使いすぎるとどの抗生物質も効かなくなるって、ホント？

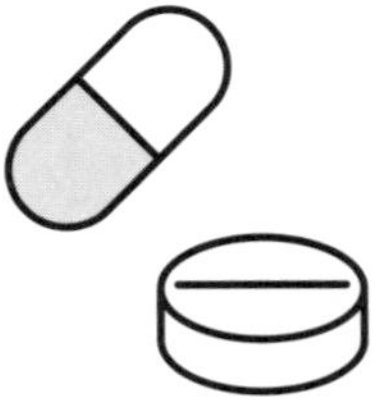

世界初の化学療法剤をつくったのは、日本人だった⁉

人間が完全に合成してつくった化学療法剤の第1号が「サルバルサン」という薬です。サルバルサンは梅毒の薬として使われました。実は、その開発に日本人も非常に深く関わっていました。

1882年から1883年にかけて、ドイツ人コッホにより、結核菌とコレラ菌が発見されました。昔から伝染する病気の存在は知られていましたが、その原因は「体液の乱れ」や「瘴気《しょうき》という有毒な空気」だと考えられていました。

ところがコッホは、結核やコレラの原因が、顕微鏡でなければ見ることのできない微小な細菌にあることを明らかにしたのです。以来、医学や細菌学の分野で、細菌を見つける方法が探究されるようになります。

そして、「合成染料で細菌を染めることができるようにならないか」と考えた人がいました。細菌を染められれば、顕微鏡で細菌を見つけやすくなります。しかも染料によっては、きちんと染まる細菌と、洗い流すと色の抜けてしまう細菌があることも分かりました。こうして、染色によって細菌を見分けることができるようになります。

これは1884年にデンマークのハンスグラムという人がはじめた方法なので、その染色は「グラム染色」と呼ばれています。これは、現在でも使われている細菌の分類法です。

ところで、ある染料に染まった細菌を、その染料がやっつけてくれるとしたら、すごく便利だと思いませんか?

「染料の中に殺菌作用、つまり細菌をやっつける作用を持ったものを探せば、その細菌をやっつけて病気を治す、という道が開けるのではないか」と考えた人がいました。ドイツの医師エールリッヒです。

彼は、いろいろな物質を使って細菌を染めてみました。そして「人間の組織には影響を与えないで、その細菌だけを染め、しかも細菌をやっつけてくれるという物質があるに違いない」と研究を重ねました。

エールリッヒの弟子で、当時ドイツに留学していた秦《はた》佐《さ》八郎《はちろう》という日本人がいました。秦は1910年に、サルバルサンを発見します。サルバルサンは、梅毒の原因である梅毒トレポネーマという細菌だけを染め、しかもその細菌をやっつけてくれる物質でした。

サルバルサンは自然界にある物質ではありません。完全に人間がつくり上げた物質です。当時は多くの梅毒患者を救う特効薬でしたが、有毒なヒ素を含んだ化合物であるため、「ペニシリン」という抗生物質を使う治療法が登場してからは使われなくなりました。

秦は、サルバルサンを発見したその翌年には日本に帰国し、1914年に北里研究所の部長になります。また、1920年慶應《けいおう》大学に医学部がつくられると、そこで教授を務め、細菌学や免疫学を講じたということです。

梅毒で「鼻が落ちる」？

実は梅毒というのは、かなり昔からありました。大航海時代にコロンブスの一行が新しい大陸（南北アメリカ大陸）に行きますが、そのときの船員が新大陸から梅毒を持ち帰り、ヨーロッパへ広がったと考えられています。

日本にも、室町時代後期の１５２５年には入ってきていたことが、記録に残されています。当時、梅毒にかかった侍がいたようです。

梅毒の症状には特徴があります。

第１期、第２期、第３期と特有の症状が出るのですが、第１期は感染後約３週間で、第２期は約３か月後、そして第３期は約3年後に症状が表れます。ただし、３年後とはいっても、実ははっきり3年と決まっているわけではなく、３〜10年ぐらいということのようです。

第１期には病原体の侵入した場所（口や陰部の粘膜）にしこりができ、その付近のリンパ腺がはれますが、やがてその症状は消失します。

第２期は全身のリンパ腺がはれたり、発熱や倦怠《けんたい》感が生じたりするだけでなく、手足・胸・腹などに「バラ疹」と呼ばれる赤い発疹《ほっしん》が現れますが、これも１か月ほどで消失します。

第3期は、皮膚や筋肉や骨に「ゴム腫」と呼ばれる腫瘍ができます。患者の体内では、スピロヘーターというらせん形の細菌が増殖し、その結果ゴムのような腫瘍ができるのです。この腫瘍が、例えば鼻にできると、鼻が崩壊してしまい、「鼻が落ちる」と表現されました。そのまま放置すれば、心臓や血管や脳などの複数の臓器に病変が生じ、死に至ることもあります。

梅毒の原因である梅毒スピロヘーターは、長径0・1~0・2マイクロメートル、長さ6~20マイクロメートルですから、肉眼で見ることはできません。

世にも恐ろしい「水銀風呂」で梅毒が治るのか？

以前、梅毒には、治療法があまりなく、一番の治療法は水銀を使うものでした。水銀は昔から、錬金術でよく使われていました。

錬金術は、古代から17世紀ぐらいまで約2000年間も続きました。エジプトにはじまり、アラビアからヨーロッパを経て中国まで、世界各地で錬金術が行われていました。

錬金術は、卑金属の鉛などから貴金属の金をつくるのを第1の目的としていますが、もう1つの目的は不老不死の薬をつくることでした。

貴金属は、金、銀、白金の仲間などで、空気中で大変安定しています。光沢があり、酸・アルカリなどにも侵されにくく、産出量が少なく高価な金属です。貴金属に対し、鉄、アルミニウム、亜鉛などの卑金属は、貴金属に対して大量に産出され、空気中で加熱すると容易に酸化される金属です。

秦の始皇帝が不老不死のために、水銀化合物を飲んでいたことはよく知られていますが、彼は水銀の毒によって50歳で亡くなっています。


錬金術の中で、古代から重要視されていた元素が2つありました。水銀と硫黄です。この2つが何らかの形で組み合わさることによって、鉛から金ができると考えられていました。

また、錬金術で、金や不老不死の薬をつくるときに一番重要なものが、非常にオールマイティーな力を持った石でした。これを賢い者の石、「賢者の石」といいますが、錬金術師はそれを見つけさえすれば、金や不老不死の薬がつくれると思っていました。

このような水銀と硫黄が中心の錬金術に少し違った考え方が生まれ、次第に錬金術の考え方も変わっていきました。

このとき、大きな役割を果たしたのが、16世紀の錬金術師パラケルススです。この人は、世界を放浪しながら、錬金術や医学を学んでいました。

「あらゆるものは毒であり、毒無きものなど存在しない。あるものを無毒とするのは、その服用量のみによってなのだ」と言ったのは、この人です。本当の名前は違うのですが、本名の代わりにパラケルススを名乗っていました。当時、医学に興味ある人、医療行為をやろうとする人に多く読まれていたのは、1世紀のローマの医者ケルススが書いた本でした。

しかし、パラケルススは、その本が紀元前の医師ヒポクラテスによって書かれたものであることを見抜いていました。そこで、自分のほうがケルススよりも優れているという理由から、「パラケルスス」と名乗ったのです。パラケルススとは、ケルススに勝つという意味なのです。

そのような名前を名乗り、当時権威のあったケルススの本などを批判したので、一部の人には嫌われていましたが、ファンもたくさんいて歴史にその名を残しました。

パラケルススは「錬金術では、水銀と硫黄だけでなく、もう1つ塩《えん》が重要だ」と考えていました。

塩は英語でミネラルです。私たちが調味料に使う食塩の主成分、塩化ナトリウムは塩の1つです。他にもたくさんの塩があります。

なお、ここでの塩は、中学理科で「酸とアルカリの中和で塩と水ができる」と学ぶときに出てくる塩です。

彼は、錬金術師は、精神と霊魂と肉体の3つが重要だと考えました。そして、精神にあたるものが「水銀」、霊魂にあたるものが「硫黄」、肉体にあたるものが「塩」だと考えました。パラケルススの後に続く錬金術師たちは、この考え方を引き継いでいきます。

パラケルススが歴史に名前を残したもう1つの理由、それは錬金術を医学に応用したことでした。彼が亡くなって以降、錬金術師たちは彼が書いた本をみんなで勉強し、1つのグループをつくります。それが医化学派です。彼らは医薬品を研究し、病気を治そうとしました。

パラケルススが「梅毒には水銀を使うと効果がある」と書き残したので、水銀は梅毒治療薬の定番とされ、長く使用されるようになりました。

どのような治療法かというと、それはとても恐ろしいものでした。

水銀は、金属では常温で唯一の銀色の液体です。体温計に入っている水銀がお風呂に満ちていると想像してください。

梅毒の患者をそこに入らせ、水銀を温めます。すると水銀が蒸発しますから、患者は水銀蒸気の中にいることになります。水銀風呂に入れられた患者は、水銀蒸気を多量に吸い込みます。水銀は少々飲み込んでも体の外に排出されてしまうのですが、気化した水銀蒸気は速やかに肺から血液内に入ってしまうので、液体水銀を飲むより体に悪いことなのです。梅毒を治そうとして、よりひどい状態になることが数多くあったといわれています。

こうして、水銀を使った治療は、１９０９年にサルバルサンが合成され、治療薬として使われるようになるまで、続きました。

昔の人は、薬をどうやって見つけたのか？

パラケルススが塩を使うようになる前は、薬はもっぱら植物でした。おそらく古代から人々は、「これは食べられるものだろうか」とか「何か病気を治す働きがないか」ということを考えながら、植物を食べたりかじったりして確かめていたと思われます。植物の葉や実や枝などを、そのまま使ったり、乾かしたり、また、アルコールのようなもので成分を溶かし出したりするなど、いろいろな方法が試されました。

中には有毒植物を口にして体調を悪化させ、亡くなってしまう人も多数いたことでしょう。そうした数多くの犠牲のうえに、薬についての知識が集大成されていきました。

パラケルススが治療薬として使った水銀は、植物ではありませんね。パラケルススの時代には、植物のみならず鉱物も使われるようになったわけです。でも、それらはみな、自然界にあるものでした。

ドラマ『JIN―仁―』にも登場した、ペニシリンの驚きのつくり方って？

スコットランドの細菌学者アレクサンダー・フレミングは、第一次世界大戦中、フランスの西部戦線で負傷兵の手当てをしていました。そのとき、兵士が敗血症で次々と亡くなっていくのを止められませんでした。

戦争が終わってイギリスに戻ったフレミングは、包帯をフェノールにひたす消毒法を広めようと決意しました。彼は、ほどなく鼻汁の中に天然の抗菌剤があることを発見し、それを「リゾチーム」と名づけました。しかし、フェノールもリゾチームも、傷口内部には浸透しないので、傷口が膿《う》みました。

数年後の1928年、フレミングは黄色ブドウ球菌の研究中でした。休暇を終えて散らかった実験室に戻ると、机の上はシャーレの山でした。シャーレは、ガラス製の底が浅い容器です。そこに細菌の栄養分になる培地を敷いて、細菌を植えます。すると細菌は培地上で繁殖し、コロニーができます。

シャーレの山を片づけていたフレミングは、ブドウ球菌が一面に生《は》えた培地に、青カビのコロニーができていることに気づきました。その夏は寒い日が続いたので、低温を好む青カビが生育したのです。シャーレをよく見ると、青カビのまわりにはブドウ球菌が生えていませんでした。フレミングは思わず驚きの声をあげました。

「青カビがブドウ球菌を溶かしてしまった！」

空気中から青カビの胞子が落ち、それが育ってつくり出す液体が、ブドウ球菌を殺していたのです。

その後、青カビがつくり出す液は、ブドウ球菌だけではなく化膿《かのう》菌も肺炎菌も溶かしてしまうことが分かりました。フレミングは、この物質に「ペニシリン」という名前をつけて発表しましたが、当時人々の目を引くことはありませんでした。

ペニシリンに注目が集まったのは、１９４０年のことでした。ペニシリンが発見されたのは１９２８年のことですから、12年後のことになります。

フローリーとチェーンという2人のイギリスの化学者が、青カビを大量に培養し、ペニシリンの大量生産に成功したからです。

当時はちょうど第二次世界大戦で傷を負った兵士が増えていました。その傷が化膿するといろいろ問題が起こります。それを治療するための薬として、ペニシリンが注目されたのです。

使いすぎるとどの抗生物質も効かなくなるって、ホント？

その後、多くの抗生物質が発見されるようになり、今ではごくありふれた薬となりました。抗生物質のおかげで、人類を苦しめてきた結核・ペスト・チフス・赤痢・コレラなどの伝染病は、私たちの前から去っていったかのように見えました。

しかし、人類が安心したのも束《つか》の間、細菌は素早く逆襲を開始します。抗生物質の効かない「耐性菌」が出現してきたのです。

そうすると、それまで効果があったペニシリンも使えなくなり、新たに違う抗生物質で治療しなければなりません。さらに新たな抗生物質に対しても、耐性のあるものが出現しました。

最後には、どの抗生物質を使っても効かなくなる可能性が出てきます。そうなると、病気の蔓延《まんえん》に対して、手の施しようがなくなってしまいます。今一番恐れられているのは、そういった耐性菌の登場です。そのため、「むやみやたらと抗生物質を使うな」といわれているのです。

耐性菌の中で、現在最も問題になっているのが「メチシリン耐性ブドウ球菌」です。メチシリンは耐性菌に強い抗生物質として登場しましたが、これさえも効かないブドウ球菌が現れたのです。

当初ブドウ球菌の1割程度だと考えられていたメチシリン耐性ブドウ球菌は、現在では感染症を引き起こすブドウ球菌の6割を超えているといわれています。

抗生物質バンコマイシンは、1956年に使われはじめ、40年以上も耐性菌が現れず、メチシリン耐性ブドウ球菌に対する切り札として使われていました。

ところが20世紀末に、バンコマイシン耐性腸球菌の出現が報告されました。その後もバンコマイシンに耐性を持つ菌が次々と見つかっています。

現在、最後の砦《とりで》となっているのは、２０００年に発売されたリネゾリドです。これは人工合成の化合物で、今までのものとは全く違った機構によって細菌の増殖を抑えます。

しかしこれも、海外から、耐性菌の報告がちらほらと届く状態です。人類と耐性菌との戦いは、今後も続くことでしょう。

なお、抗生物質は、微生物およびその他の生物が産み出す抗菌作用のある物質です。現在では、人工的に合成されたものも多くなったので、生物由来の抗生物質という言葉ではなく、「抗菌薬」と呼ぶことが多くなっています。

第10章

農薬

世界80億人の命を、化学肥料が支えている？

世界80億人の命を、化学肥料が支えている?

紀元1年頃の世界の人口は3億程度でしたが、1800年頃には10億になります。当時、イギリスは産業革命（1760〜1840年）の真っただ中でした。

やがて、1900年頃になると、世界人口は16億に達しました。

さらに1950年頃には25億になり、2022年11月15日に80億になりました。2050年には、97億となるだろうと予測されています。

直近のわずか122年間で、世界人口は5倍に増えたのです。

世界の人口増加を支えるためには、農作物の増産が必要になります。

農作物にとっての養分は、動植物の死体が微生物によって徐々に分解されてできた腐植だと考えられていました。

古代ギリシアの哲学者アリストテレスは、「植物は死ぬと腐植になり肥料となる。植物は養分を土の中の腐植から根によって得る」と述べていました。

ところが1840年、ドイツの化学者リービッヒは、農作物にとっての養分は有機

世界人口の推移（推計値）

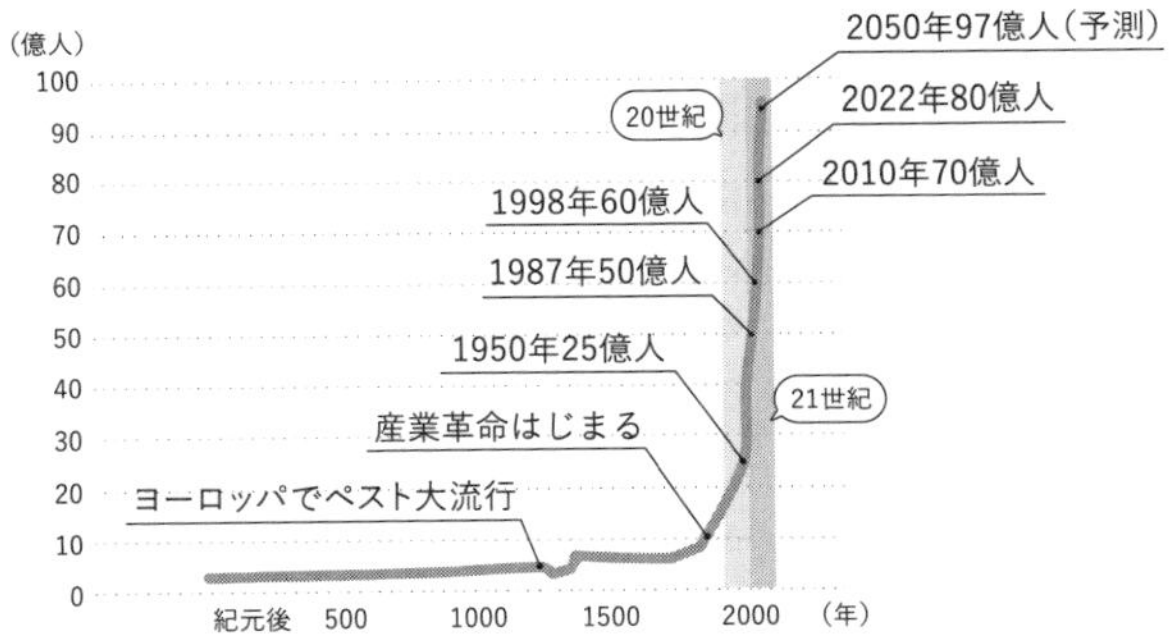

出典：国連人口基金駐日事務所ホームページをもとにSBクリエイティブ株式会社が作成

物ではなく無機物だとする「無機養分説」を発表しました。肥料の3大要素は、窒素、リン酸、カリウムだということも分かりました。腐植も、結局は微生物に分解されて無機養分として植物に吸収されていたのです。

窒素肥料としては長い間、堆肥や動物の排泄《はいせつ》物などの天然肥料や、南米で産出するチリ硝石（硝酸ナトリウム）などの天然資源が使われていました。堆肥とは、家畜や人間の糞《ふん》・尿と、わら・もみ殻・雑草・落ち葉などを混ぜ合わせ、時間をかけて発酵させたものです。すると、糞や尿などが細菌などの微生物の働きで分解され、植物が利用できる無機物に変わります。

堆肥は優れた肥料ですが、これをつくるには時間も手間もかかります。肥料の需要が増してくると、堆肥などの天然肥料ではまかないきれないことがはっきりしてきました。

1913年、ドイツのハーバーとボッシュによって、空気中の窒素を水素と結びつけるアンモニア合成法が開発されました。これは画期的なことでした。

その結果、アンモニアをもとにいろいろな窒素肥料が、安価に大量につくられるようになりました。この肥料は、堆肥と違って工場でつくられる化学肥料です。

化学肥料の登場で、食糧の大増産が可能になったのです。

ブドウ泥棒退治で農薬が生まれた!?

農作物は、品種改良や栽培法の改良が重ねられていきました。例えば米だったら、昔は北海道ではつくれませんでした。でも今は、北海道でも米をつくっています。こうした改良によって、気候的に不向きな場所でも農作物が栽培できるようになったのです。

ただしそのような品種は、しばしば病虫害を受けやすくなります。ですから病気や害虫に対して、何らかの対応をしなければなりません。

過去の歴史を振り返ると、その対応ができなかったために、多くの国で大飢饉《ききん》が起こり、それが原因でたくさんの人が亡くなっています。

こうした病虫害に対抗するため、農薬が開発されてきました。

農薬は最初、「蚊取り線香」の原料になる除虫菊《じょちゅうぎく》や、植物のタバコに含まれているニコチンなどの天然のものでした。ところが除虫菊やタバコの葉を大量に手に入れる必要があったり、思ったほどの効果が得られなかったりしました。

そこで、19世紀頃から化学製品がつくられるようになりました。よく使われたのは硫黄でした。硫酸銅も使われました。

今でもよく使われている農薬に、ボルドー液がありますが、ご存じでしょうか？ボルドーは、フランスでブドウがよく栽培されている地域です。この地方ではブドウがよく盗難にあうので、ブドウ農園の人々は硫酸銅と石灰を混ぜ合わせたものに毒々しい色をつけ、それを散布して防ごうと考えました。

その結果、ブドウのベト病という病気が非常に少なくなったのです。つまり、硫酸銅と石灰の混合液を使うことでベト病の発生が防げることが分かり、町の名前にちなんで、その農薬は「ボルドー液」と呼ばれるようになりました。

1923年には水銀の化合物を使い、農作物の種をその水溶液に浸して種が病虫害を受けないようにしたり、虫を殺すためにヒ素の化合物が使われたりするようになりました。

そして、より強力な殺虫効果を発揮する農薬がつくれないかと挑戦する人々も現れました。

触るとコロリ！　奇跡の殺虫剤「DDT」って？

1939年に、スイスのミュラーがDDTを発見しました。DDTは、ジクロロジフェニルトリクロロエタンという物質の略です。

ところがよく調べてみると、DDTはその60年ほど前にはもうつくられていて、大学院の化学の実験で学生たちが練習用に合成していたことが分かりました。ただ、そのときは、DDTに強い殺虫効果があることは知られていませんでした。

ミュラーは、強力な殺虫効果を持った農薬をつくろうと考え、何百種類ものいろいろな化合物の、虫に対する効果を調べました。そしてついに、DDTを発見するわけです。

普通に考えると、葉っぱに散布し、その葉っぱを虫が食べたら虫がコロッと死ぬとか、餌に混ぜて（塗って）、それを食べさせることで虫が死ぬというような殺虫効果を考えます。

しかし、ミュラーが目指した殺虫効果は、どんな虫でも、その物質に触れただけでコロッと死んでしまうような強力なものでした。カブトムシの幼虫は、農作物に害を与えるものですが、彼が発見したＤＤＴは、それに触れさせたり、ふりかけたりするだけで、壁に止まっていたカブトムシがポロンと落ちて死んでしまうような農薬でした。

ＤＤＴは、蚊やシラミの駆除のために大量に使用されました。また農業でも、病害虫に対して大量に使用されるようになりました。

アメリカが戦争に勝ったのは、ＤＤＴのおかげだった？

世界の3大感染症といわれる、エイズ・結核・マラリアは、現在でも多くの人命を奪っています。

中でもマラリアは、毎年数十万人の人命を奪っています。マラリアには何種類かありますが、一番重症になりやすいのが、熱帯熱マラリアであり、毎日発熱します。時々熱を出すのが、三日熱マラリア、四日熱マラリア、卵形マラリアです。

マラリアにかかると、寒気や震え、高熱、下痢《げり》、腹痛、呼吸器障害などの症状が起こります。腎臓や肝臓がおかされ、死に至ることも少なくありません。

とくにマラリアに弱いのが、妊産婦、ＨＩＶ感染者、それから5歳未満児です。これらの人々は免疫機能が弱いので、熱帯熱マラリアにかかると重症化して亡くなりやすいのです。

感染症が一番猛威を振るう場所は、不衛生な場所や戦地です。熱帯・亜熱帯地方の戦場では、敵に殺されるよりマラリアなどの感染症で死ぬ人のほうが多かったといわれています。

第二次世界大戦では、いずれの交戦国も感染症を恐れていたので、兵士たちに何とかきれいな水を飲ませようとしたり、キニーネというマラリアの特効薬を飲ませようとしたりするなど、対策を講じていました。しかし戦争が進んでいくと、補給路が断たれ、食べ物も医薬品も兵士のもとへ届かなくなりました。

日本の場合には、戦争中、飢えや感染症でかなりの死亡者が出てしまいました。

アメリカやイギリスは、ＤＤＴに目をつけ、工業的に大量生産しました。そして、とくにアメリカは、かなり効果的にＤＤＴを使いました。例えば、ＤＤＴをシャツに染み込ませて前線に兵士を送ります。そうすると、ＤＤＴの効果で、そのシャツに止まった蚊がバタバタと死んでいくわけです。その結果、イギリス軍とアメリカ軍は、日本軍やドイツ軍よりも、ずっと有利に戦えるようになりました。

また、ＤＤＴは、蚊だけでなく、シラミやノミ、ダニなどにも有効なので、それらが媒介する腸チフスなどの感染症にかかる患者を激減させることにもなりました。

人間では、ＤＤＴの粉末を皮膚にかけたり、多少吸い込んだりしても、体に悪いように見えませんでした。とくに５％程度に薄めれば人体には絶対安全だといわれていました。

終戦後、米軍が日本人の頭にかけた白い粉は……？

１９４３年9月8日、イタリアは降伏し、連合軍がナポリにやってきました。ナポリでは飢えた人々の間に発疹《ほっしん》チフスが流行していました。発疹チフスを媒介するのはシラミなので、連合軍はシラミを退治するという作戦を展開しました。

翌年1月には130万人の市民にDDTが振りかけられ、発疹チフスの患者はみるみる減っていきました。

同じようなことが日本でも見られました。

戦後日本では、200万人ぐらいが発疹チフスを発症すると推定されていたそうですが、シラミ駆除のために、子どもたちの頭に大量の白い粉・DDTが散布されました。それが功を奏したのか、発疹チフスの流行は起こりませんでした。

一休さんも亡くなった「マラリア」にも効果アリ？

マラリアに対しても、DDTは有効でした。

かつて日本本土では三日熱マラリアが、また石垣島や西表《いりおもて》島などの八重山《やえやま》諸島では三日熱マラリアの他、四日熱マラリアや熱帯熱マラリアも流行していました。

実は、みなさんよくご存じの一休さんもマラリアで亡くなっています。明治時代の北海道開拓のときに多くの人命を奪ったのもマラリアです。

さらに明治から昭和初期にかけて、日本全国でマラリアが流行しました。

先の大戦時には、マラリア発生地域への強制疎開によって多くの民間人が命を奪われています。

戦後はＤＤＴを使った徹底した予防対策によって、本土では１９６０年以降、八重山諸島では１９６２年以降、マラリアの自然発生がなくなり、現在の日本はＷＨＯ（世界保健機関）から、マラリアがない国とされています。


戦後、アメリカはＤＤＴの生産を民間にも開放したので、ＤＤＴは農薬として大量に使われるようになりました。その効力は絶大で、いろいろな害虫に有効で、持続性があり安価だったので、農民は喜んで使いました。

ＤＤＴを使えば、あらゆる種類の害虫を根絶やしにできるかもしれないと、当時は「奇跡の薬」といわれ、非常に人気の高い農薬になったわけです。

農薬による『沈黙の春』。冬が終わっても春が来ない？

やがて、ＤＤＴの問題が明らかになるときが訪れます。その決定的なポイントになったのが、１９６2年に刊行された、レイチェル・カーソンの『サイレント　スプリング』（以下、『沈黙の春』）という本でした。

海洋生物学を専攻し、海や海洋生物に関する小説を書いていたカーソンのところに、ある日１通の手紙がきました。「農薬をまいた後に小さな鳥が空から落ちてきて死んでいる。あの農薬のせいではないのか」という内容でした。

その後カーソンは、その内容について学習し、知人からも送ってもらい、１０００篇以上の論文を読んで『沈黙の春』を書くのです。

ＤＤＴなど、人間がつくった合成化学物質が毎年のように開発され、使用されているのに「専門家はその効力に関心を持っても、その効果の全体像、長期間にわたる影響というものを考えていない」、そして「ＤＤＴのような殺虫剤を使えば、耐性を獲得した虫が現れるのではないか」というのが、彼女の主張でした。

「だから、合成化学物質である殺虫剤を絶対使ってはいけない」と主張したわけではありません。彼女は「これらの薬品が土壌や水、野生生物、そして人間自身に対してどんな影響を及ぼすかを前もって調べることをせず、使われるままにしている。政府はもっと厳しい行政措置を講ずるべきだ」という内容を、この『沈黙の春』の中で具体的な例を挙げながら書いているのです。

『沈黙の春』は人々にかなりのインパクトを与えました。発売後半年で100万部を超えるベストセラーになったので、書店にもたくさん並べられ、バンバン売れて読まれました。

その分、攻撃もされました。どこから攻撃されたのでしょうか？

農薬をつくっている産業界です。

「これは奇跡の薬であって、人類をものすごく救ってきた薬なのに、なぜ批判するのか」と。ときには、人格的な批判まで行われました。

でも彼女は耐えました。彼女は『沈黙の春』を書きはじめた頃に、自分が乳がんになっているのを知っていました。あとわずかしか命がないと分かっていたので、いろいろなところへ出向いて講演をしました。

当時の大統領はケネディでした。ケネディ大統領は『沈黙の春』を読んで深く感銘を受け、科学顧問に殺虫剤問題を調査するように要請しました。大統領科学諮問委員会に特別委員会が設置され、報告書が公表されました。内容は『沈黙の春』を擁護したものでした。

環境保護庁がつくられ、大気汚染、水質汚染、土壌汚染という問題に対応していくことになりました。

まず「自動車の排ガスに含まれる炭化水素、窒素酸化物、一酸化炭素などを9割削減しないと車を売れなくする」という規制を行いました。このような行政省庁の動きもカーソンの影響です。

いくら産業界がカーソンを批判しても、農薬をまかれることによって、実際に野生生物が被害を受けている面はあるわけです。

そこで産業界も変わりました。持続性が少ない、つまり分解されやすく、生体内に蓄積しない、より自然環境に優しい農薬の生産を目指すようになりました。

ＤＤＴの中止は、本当に良かったのか？

ただ、『沈黙の春』の影響で起こったことが、本当に良かったのかどうかという問題があります。

アメリカ政府や世界は、開発途上国のマラリア撲滅に対し、多額の援助を行ってきました。

しかし、ＤＤＴに対する国民の反発が大きくなったので、その援助をやめてしまいました。そのため開発途上国では、マラリアで亡くなった人が何百万人もいたのではないかと推定されています。

極端な例ですが、スリランカでは１９４８年から１９６２年まで、ＤＤＴの定期散布を行ったところ、年間２５０万を数えたマラリア患者数が31人まで減っていました。これはすごいことです。しかし、スリランカ政府は、マラリアを撲滅させられたといってＤＤＴの散布をやめてしまいます。するとマラリア患者数は、次第にもとに戻ってしまったのです。

ただこれは、マラリア原虫がＤＤＴに対する耐性を身につけた可能性も考えられるため、再びＤＤＴを散布したからといってうまくいったかどうかは、誰にも分かりません。

現在、蚊に対して効果があり、安価なものというとＤＤＴぐらいしかありません。

２０１６年からですが、ＷＨＯが方針を出し、マラリア発生のリスクとＤＤＴ使用のリスクを天秤《てんびん》にかけて、マラリア発生のリスクが高ければ、少量のＤＤＴを家の壁などに噴霧する使用法を認め、現在、国によってはＤＤＴが使われています。

本当はＤＤＴの代わりとして、野生生物に影響を与えない、環境に優しい薬品が開発されて、それが安価に普及することが一番です。そうした薬品の開発は、これからも目指さなければいけないことでしょう。

「夢の物質」か？「死の物質」か？

初めは夢の物質だといわれていたのに、のちに悪者になった物質にフロンがあります。日本では「フロン」といっていますが、アメリカでは「フレオン」という名前のほうが一般的です。正式名称は「クロロフルオロカーボン」です。何種類かありますが、それらをまとめてフロンと呼んでいます。

フロンは自然界にはないもので、人間がつくった合成物質です。20世紀初頭に開発されました。化学的に安定しており、しかも液化しやすいので、エアコンや冷蔵庫の冷媒として、大量に使用されてきました。また、不燃性なので、スプレーの中に圧力をかけるためにフロンを入れていました。

人類にとっては夢の物質だといわれましたが、のちにオゾン層を破壊する物質であることが分かってきます。

そこでフロンの代わりに、代替フロンというものが使われるようになりました。すると、今度はその代替フロンに温室効果が強いことが分かってきました。つまり、地球温暖化を進めてしまうのです。

それはまずいということになってきて、今はフロン類の代わりに、イソブタンという炭素と水素が結びついた物質などを使っています。イソブタンは火をつけると燃えます。だからフロンと比べると不便な面はあります。

エアコンについては、主流はまだ代替フロンのようです。

これから冷媒は変わってくると思いますが、現在はそういうものを冷蔵庫に入れて使っているわけです。

こうしてDDTやフロンの例を見てくると、長期的な安全性や環境への影響は、それがつくられたときには、なかなか分からないものだということに気づかされます。今後問題点が出てきたときには、真摯にそれを受け止め、問題を解消する方策をできるだけ早く実行に移すことが大切でしょう。

それが、DDTとフロンに関するお話の結論であると思います。

第11章

合成繊維

ストッキングの糸は、細いのになぜ強いのか？

なぜ人は服を着るようになったの？

人類の祖先は、裸で暮らしていました。しかし、今の私たちは裸ではなく、衣類を着ています。衣類を身につける動物は人だけです。

裸で快適に過ごせる気温は28～31℃の範囲ですが、衣服を着れば、その範囲を超えられます。寒さや紫外線などの自然環境から身を守れます。また、接触や転倒などによって起こる外傷、虫刺されなどを防ぐこともできます。

樹皮や毛皮で体を包み、寒さや外傷から身を守るようになっていったのが、衣類のはじまりでしょう。

また、骨製の縫い針が発明されると、毛皮に袖を縫いつけることができるようにもなったことでしょう。植物から取った繊維を織り合わせて、布をつくるようにもなりました。

身のまわりの布は、どうやってできている？

布は糸を織り合わせてつくられています。さらに糸は細長い高分子からなる繊維をより合わせてつくられています。

繊維は、大きく天然繊維と化学繊維に分けられます。

天然繊維には、綿や麻などの植物繊維と絹や羊毛などの動物繊維があります。

化学繊維には、レーヨンなどの再生繊維、アセテートなどの半合成繊維、ナイロン、ポリエステル、アクリル繊維などの合成繊維があります。

古代から最近まで使われていたのは、ほとんど天然繊維でした。

1884年に化学繊維が誕生しました。天然繊維を少し改良し、加工して再生繊維がつくられたのです。これは、天然の繊維やタンパク質を溶かし、繊維状にして、それを糸にするのです。

天然の繊維の成分で一番有名なセルロースは、ブドウ糖という小さな分子がたくさんつながってできています。このセルロースの一部を化学的に少し違うものにし、それをもとに繊維にしたものを「半合成繊維」といいます。

合成繊維は、原料に植物繊維や動物繊維などの天然の繊維を使わずに、100%人間がつくり上げた繊維です。

巨大な分子「高分子」ってどんなもの？

繊維は、今では高分子からできているということが分かっています。

しかし、この高分子という考え方そのものが、まだ新しい考え方です。高分子からできているものがあるということが、化学者から主張されるようになったのは、1920年代のことです。しかもその高分子説に対して、たくさんの批判がありました。それまでは、高分子のような大きな分子なんてないと、化学者みんなが思っていたからです。

1920年にシュタウディンガーは、デンプンやセルロースやタンパク質などの分子は巨大な分子だと発表しました。

普通の水であれば、水素原子2個と酸素原子1個が結びついた水分子からできていて、例えば氷では水分子のつながり方が決まっているわけです。

しかし、シュタウディンガーがいう高分子は、物質によってどのぐらいつながっているかが違うというのです。分子の大きさの分布に、幅もあるということです。

それに対して反対する人たちは、実際は小さな分子で、それがただ集まって大きく見えているだけだと考えます。これは、とくに化学が一番進み、化学者がたくさんいたドイツで行われた論争でした。

最初、高分子説というのは少数派でした。それが次第に多数派になっていき、高分子説が当たり前になっていきます。その大きなきっかけとなったのは、ナイロンの登場でした。

繊維は、巨大な分子、高分子からできている。その高分子は、小さな分子がただ集まっているのではなく、原子がみなきちんとつながって、巨大な分子である高分子になっているということです。

高分子をつくっている構成単位を「モノマー」、日本語だと「単量体」と言います。モノマーの「モノ」とは「1つ」という意味です。これがいっぱいつながり集まった状態になったものを、重合体、「ポリマー」と呼びます。ポリマーの「ポリ」は「たくさん」という意味です。

ポリマーは、モノマーが何百何千とつながっています。

モノマーたちの手のつなぎ方が違う⁉

実は、モノマーのつながり方には2つあります。

1つは、モノマーがつながるときに、何かを外さないでつながっていくものです。イメージとしては、みんなが手をバーッとつなぐというつながり方です。

もう1つは、モノマーがつながるときに、例えば水とか二酸化炭素のような小さな分子を追い出し、お互いがつながっていくものです。こちらのイメージは、片方の手に万年筆のキャップ、もう片方には万年筆の本体を持っていて、手をつなぐときには万年筆を1セットつくって、それを放り出して手をつないでいくというつながり方です。

ただつながるものを「付加重合」といいます。それに対し、何か簡単な分子を放出してつながるのを、縮んでつながっていくという意味から、「縮合重合（縮重合）」と呼んでいます。

こうして、巨大な高分子というものがつくられています。

付加重合と縮合重合

付加重合

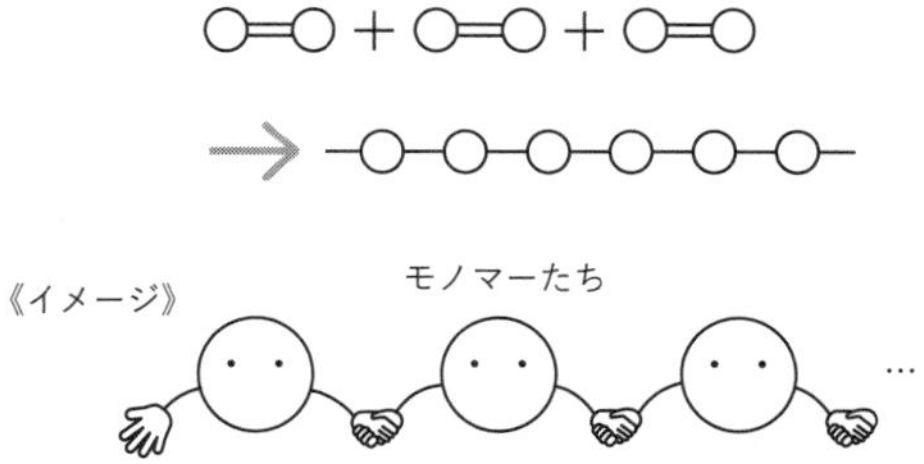

縮合重合

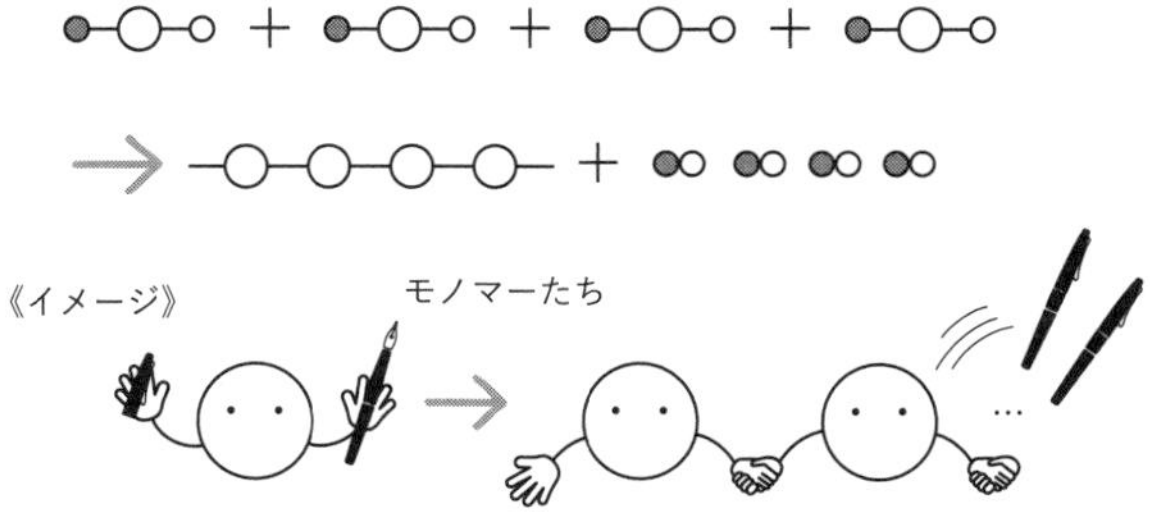

出典:トライイットホームページをもとにSBクリエイティブ株式会社が作成

「合成ゴム」はどのようにしてつくられた？

ナイロンの発明者カロザースは、ハーバード大学の教員でした。彼をアメリカの大きな化学会社が引き抜きました。何のために引き抜いたのか？

それは基礎研究のためです。

その頃は、高分子でできたものがあるかどうかという議論があった時代だったので、カロザースは基礎研究として高分子説をきちんと確かめようと思い、入社したわけです。

そこで彼は、自分の研究班を総動員して、モノマーがつながってポリマーになるかもしれないというものを、いろいろと研究しました。

そして1931年、最初にできたのはクロロプレンゴムという合成ゴムでした。これは自然界にないゴムです。

天然ゴムをつくるには、ゴムの木に傷をつけ、そこからじわじわと出てきた白いゴムの樹液を集めて、硫黄と混ぜ合わせます。するとドロドロの樹液が弾力のある硬いゴムに変わるのです。

天然ゴムの成分は分かっているので、その成分の一番簡単なもの、つまりモノマーをくっつけて（重合させて）、天然ゴムが再現できないかというのが最初の研究でした。

しかし、天然ゴムを人工的につくることはできませんでした。

ところが、モノマーと考えたものの一部を、塩素原子に置き換えてつなぎ合わせたら、クロロプレンゴムというゴムができ上がりました。この合成ゴムを工業生産し、市場に出しました。それが、合成高分子化学工業のスタートです。

ストッキングの糸は、細いのになぜ強いのか？

カロザースは、綿や絹などの天然繊維の代わりになる繊維を合成でつくりたいと考えていました。

そこで、最初は綿、つまりコットンのような植物の繊維に似たものをもとにして繊維をつくって糸にしようとしましたが、それはうまくいきませんでした。繊維は強かったものの耐熱性や耐水性が弱く、実用化できなかったのです。

そこで彼は、思い切って植物のまねをやめて、蚕が吐き出す絹に注目しました。そして絹に似た繊維をつくろうと決心し、何百という組み合わせを試していきました。手をどうやってつなぐかという話になりますが、その方法で何百という組み合わせを確かめていくわけです。

自分の下にいる二十数人の研究員がみんな、それに取り組んでいきました。もう新発見というより、組み合わせをそれぞれ1つ1つ確かめていくという、ある意味ローラー作戦でやっているので、地味な作業です。

そして1934年、ついに、ヘキサメチレンジアミンとアジピン酸の2つの薬品を重合したものを熱で融《と》かした粘液を引き伸ばすと、糸として絹にまさる性質を持っていることを見いだしたのです。

1935年、ナイロンの特許を取得しました。

ナイロンストッキング誕生！　500万足が4日で売り切れた？

ナイロンの生産工場は、1938年にパイロットプラント（本格的なプラントの前の予備的なもの）がつくられ、本格的なプラントは1939年につくられました。ナイロンの品質向上のために、当時2700万ドルと230人の研究員が注ぎ込まれました。

そして1938年10月27日に、ナイロンストッキングを発売すると予告がされました。発表された宣伝文句は、「蜘蛛《くも》の糸よりも細く、鋼鉄よりも強い繊維！」というものでした。それが、これまで知られているどんな繊維よりも強く軟らかい、新合成繊維ナイロンのキャッチフレーズでした。

ナイロンという名前の由来にはいくつか説がありますが、一番有力なのが「ノーラン」。「ラン」とは走るというランニングの「ラン」です。これは「線が走らない」、つまり「伝線しない」という意味です。伝線しないというのをもじって、ナイロンという言葉がつくられたのではないかといわれています。

ナイロンストッキングは、1940年5月15日に発売されました。すでに発売予告されているので、みんなが待っていました。

それまでのストッキングは、日本産の絹でつくられていました。しなやかな肌ざわりと美しい光沢を持つ反面、伝線しやすく非常に高価でした。

ナイロンストッキングは絹のものより少し高価でも、その優れた性能が期待されました。

発売当日、人々の興奮は最高潮に達します。靴下売り場では、限られたストッキングの在庫に人々が殺到し、500万足がたった4日で売り切れた、と言われています。

アメリカでは、ナイロンはストッキングを意味します。ナイロンストッキングの登場は、それだけ衝撃的な出来事だったのです。

発明者のカロザースは、ナイロンの成功を見ないまま41歳で自殺してしまいました。鬱病《うつびょう》に悩まされ、死の数年前には、自分が失敗者であるという妄想にとりつかれていたといいます。

ナイロンの成功が、日本の絹業界をダメにした？

ナイロンが登場すると、絹、つまりシルクのストッキングは廃れてしまいます。それまで日本産の絹が使われていたので、ナイロンの登場は、日本の絹業界に大きな影響を与えました。

そしてナイロンは、ストッキングや衣類の他、手術の糸、釣り糸、ロープ、パラシュート、タイヤコード（タイヤを補強するためにゴムの中に入っている繊維）などに用いられていきました。

このナイロンの成功によって、高分子説が勝利し、確立したことになります。理論に基づく高分子化学工業は、ナイロンの誕生からスタートしたと言えるでしょう。

日本はどうしたかといえば、すぐにナイロンを入手し分析しました。しかし、日本では、すぐ入手できるような原料ではありませんでした。

それで日本は別のものを開発しようと、桜田一郎という京都大学化学繊維研究所の教授が研究をはじめました。

「日本に今ある工業でできるもので、今ある日本の技術でつくれるものをつくろう。ナイロンに負けない別の合成繊維をつくろう、やらなくてはいけない」と、桜田教授は決心し、ビニロンという繊維を開発しました。

ビニロンは、洗濯のりの成分ポリビニルアルコールをもとに話をすると分かりやすいでしょう。洗濯のりは、そのポリビニルアルコールという高分子を水に溶かした溶液です。ポリビニルアルコールは、酸素原子Oと水素原子Hが結合したヒドロキシ基(-OH)が分子の中にたくさんあって、水と仲がいい高分子です。

ヒドロキシ基(-OH)をたくさん持った身近な高分子に、セルロースがあります。セルロースは紙や綿の成分です。セルロースもヒドロキシ基(-OH)をいっぱい持っているので、紙や綿は水と仲がいいのです。綿でできたタオルは、水と仲がいいため、汗をぬぐいやすいわけです。ナイロンは違います。ナイロンは、水と仲が悪いです。だから、ナイロン製のタオルでは汗が拭きにくいのです。

ポリビニルアルコールには、ヒドロキシ基(-OH)がたくさんあります。だから、そのまま繊維にするとどうなると思いますか?

水に溶ける繊維になってしまうのです。それでどうするかといえば、ヒドロキシ基(-OH)を、他のものと反応させて壊してしまいます。その壊し方によって、少し水と仲がいい、全く水と仲が良くない、といろいろな割合に調整できるわけです。そうやって、ビニロンという繊維を日本で開発しました。

日本は、ナイロンでさんざんな目にあっていたときでしたから、新聞は「日本のナイロン現わる」と書きたてました。

倉敷レイヨン(現・クラレ)が、すぐその工業化を引き受けました。

ビニロンはナイロンのように強く、その手ざわりや吸水性は木綿に近いです。ナイロンは生糸を狙いましたが、ビニロンは木綿を狙ってそれに対抗したことになります。

私が中学生のときに着ていた学生服は、ビニロン製でした。

ナイロンの登場以降、さまざまな合成繊維、とくにポリエステル、アクリル繊維、それとナイロンが合成繊維の主力を占めています。日本では、ポリエステルに続きアクリル繊維、レーヨン、ナイロンの順で多く生産されています。

ポリエステルは、非常に強くて、しわになりにくい繊維です。洗濯してもすぐ乾きます。また、パーマネントプリーツ加工がしやすく、プリーツや折り目をあらかじめつけておくことができます。アクリル繊維はふんわりと軽い繊維で、合成繊維の中で最も羊毛に似た性質を持っています。セーターや肌着、毛布などに利用されています。

私たちは天然繊維だけではなくて、合成繊維でできた衣類を身につける時代に生きているのです。

第12章

プラスチック

紙おむつの吸収力がすごいのはどうして？

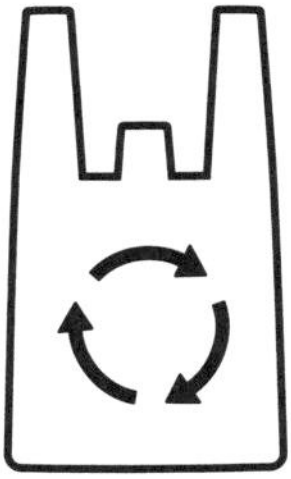

そもそも、「プラスチック」って何？

私たちの生活は、まさにプラスチック（合成樹脂）に囲まれています。文房具、容器、食器、包装材料、シートなどは、プラスチックでできているものがたくさんあります。とくにプラスチックを多く使っているのは包装業界と建築業界です。プラスチック製品は、金属製品と比べると軽くて軟らかく、手に触れるとぬくもりがあります。そして、電気や熱を伝えにくいです。

プラスチックは、日本語で「合成樹脂」です。

樹脂というのは、木の皮に傷をつけると分泌される粘っこい液体が固まったもので、一番有名なのは松脂《まつやに》です。樹皮に傷をつけて、固まったものが天然の樹脂です。

それに対し、プラスチックは、人類がつくり出した材料、人類が発明した材料です。主に石油を原料としてつくられています。プラスチック時代といわれるほどにプラスチック産業が大きく成長したのは1950～1960年代のことです。今ではプラスチック製品はあらゆる業界に広がっています。

熱で軟らかくなるプラスチックと、硬くなるプラスチックがある？

プラスチックは、ギリシア語の「プラスティコス」という形容詞から取られた言葉で、可塑性《かそせい》という意味です。可塑性は単に塑性ともいいます。

材料には、弾性と塑性という性質があります。

弾性という性質は、物に力を加えると縮み（伸び）、力を加えるのをやめるともとへ戻る性質です。バネのような性質を弾性というわけです。机も押すとほんのわずかですが縮んでいます。そして押すのをやめるとまたもとに戻っています。これを「机が弾性を持っている」といいます。

物にかける力が大きくなると弾性がなくなって、もとに戻らなくなります。変形したままになってしまうのです。これが塑性です。

プラスチックは、このような塑性を持っている物質です。

また、プラスチックは合成繊維と同じように、ポリマーという高分子からできています。

プラスチックは、分け方として、熱したときの違いで熱可塑性樹脂と熱硬化性樹脂があります。

熱可塑性樹脂は、金属でつくった金型に、軟らかいうちに入れて固めてやると、その金型の形になります。

熱可塑性樹脂には、種類がたくさんあります。有名なものは、ポリエチレン、ポリ塩化ビニル、ポリスチレンなどです。熱すると軟らかくなり、金型に押出成形ができます。大体は、モノマーが、割と直線状かつ鎖状につながった高分子になっています。

それに対して熱硬化性樹脂というのは、加熱すると硬くなるので、熱可塑性樹脂とは大きく違います。なぜ硬くなるかというと、熱可塑性樹脂が鎖状につながっているのに対し、熱硬化性樹脂は鎖状に一直線上に並んでいるだけでなく、三次元的に網目状につながっているからです。

熱硬化性樹脂を加熱すると、網目状のつながりが、より強く結合して固まってしまうので、加熱しても軟らかくなりません。

熱硬化性樹脂で有名なのは、フェノール樹脂という、六角形のベンゼンにOHがいっぱいくっついていて、三次元的に組み合わさっているような樹脂です。

歴史上初めて人間がつくり上げたベークライトという合成樹脂がありますが、これはフェノール樹脂の仲間です。他に有名な熱硬化性樹脂は、尿素（ユリア）樹脂やメラミン樹脂です。

食堂のテーブルで、天板（一番上の板）が、木やガラスではなく、プラスチックでできたものがあります。

天板には熱いものを置くことがあります。もし熱可塑性樹脂の天板なら、跡がついてしまいます。お湯が入った湯呑みを置いたら、湯呑みの底に合わせて少し丸いへこみができてしまうでしょう。そのため、プラスチック製のテーブルの天板は、メラミン樹脂などの熱硬化性樹脂でできています。

主なプラスチックはみな熱可塑性樹脂です。例えばレジ袋やポリ容器などは、熱可塑性樹脂でできています。簡単にいろいろな形にしやすいからです。

プラスチック誕生の裏には、ビリヤードの懸賞が⁉

セルロイドは最初アメリカで、遊び道具のためにつくられました。昔はとくに大人の遊びには、あまり種類がありませんでした。

そんな中、ビリヤードは唯一といっていい遊びで、非常に流行しました。当初は、ビリヤードの球が象牙でつくられていたため、生産が追いつかなくなりました。そこで球の代用品が必要になってきたのです。ビリヤードの球をつくっている会社から、「代用品をつくれたら1万ドル出す」という懸賞がかけられました。

セルロイドは、この懸賞に参加したハイアット兄弟が1860年代後半に発明したといわれていますが、実はハイアット兄弟は、別の人が発明したものの特許を買い取ったのです。実際に発明したのは、イギリスの化学者パークスで1850年代半ばのことでした。ニトロセルロースと樟脳《しょうのう》を練り合わせてセルロイドをつくり、特許を取りました。

セルロースは植物の繊維をつくる天然の高分子で、ブドウ糖分子がたくさんつながった形をしています。綿花、麻、木材などにたくさん含まれています。

セルロースは分子内に、ヒドロキシ基（-OH）をたくさん持っています。このOHのところのHの代わりに、窒素原子1個と酸素原子2個が結びついたNO_2を入れると、ニトロセルロースになります。なお、ほとんどのOHにNO_2を入れたものは綿火薬になりました。

セルロイドは、当初実用化に結びつくことがありませんでした。そこで、パークスはハイアット兄弟に特許を売りました。彼らは、セルロイドの開発を進めました。

セルロイドは、もともとはセルロースを加工した後、樟脳と練り合わせたものだったため、「半合成プラスチック」と呼ばれました。

セルロイドは、室温で使用しても問題は起きません。

しかし、温度が高くなると、自然発火や変形といった問題が生じます。例えば、セルロイドでつくった食器などを日当たりのいい場所に置いておくと、温度が上がって形が変わってしまい、もとに戻りません。

ハイアット兄弟は、ビリヤードの球の象牙の代用品をつくって、見事に賞金を獲得したというわけです。

またハイアット兄弟は、セルロイドでビリヤードの球だけではなく、さまざまな製品をつくりました。

カメラのフィルムもつくりました。1889年、アメリカの発明家ジョージ・イーストマンがセルロイド製のフィルムを使いました。さらに、エジソンが映画用のフィルムにも使うようになります。エジソンの場合、映画の投映は1人で穴の中をのぞくと、中で何かが動いて見える——例えば、人がくしゃみしている様子がその1人にだけ見えるというものでした。その後、壁に映写する映画がつくられるようになって、映画産業が盛んになりました。

セルロイドの大きな問題は、原料のニトロセルロースが非常に燃えやすいものだったので、セルロイドも燃えやすかったことです。

そのため、セルロイドでフィルムがつくられると、時々映画館で火事が起こりました。日本でも1984年に東京国立近代美術館フィルムセンター（現・国立映画アーカイブ）で、火事が起こりました。セルロイドフィルムの自然発火が原因だと思われます。

ですから、セルロイドでつくられたフィルムを保存するには、エアコンでいつも温度を一定の低温にしておく必要があります。しかし、涼しいとエアコンを切ったままにするので、翌日温度が上昇し、昼間は30℃台になると自然発火してしまう。このようなことから、セルロイドのフィルムは、使われなくなりました。

合成プラスチックを発明したのは誰？

１９０７年の話です。ベークランドという人物が合成樹脂ベークライトを発明しました。ベークランドは、自分の名前を合成樹脂につけたわけです。彼は１９１０年10月にアメリカで会社を興し、工業生産に成功します。

世界は電気文明の時代ですから、電気が流れない絶縁体が重要になります。例えば、電流回路でショートが起こると危険です。そのため電気製品には、電気が通らない部分、つまり絶縁体が必要になります。このベークライトは、とくに電気産業での絶縁材料として使われました。また、機械用品、容器、家具などの材料にもなりました。

ベークライトは、化学的にはフェノール樹脂という熱硬化性樹脂の1つです。

セルロースという天然物を化学処理してつくるセルロイドと違い、ベークライトは当時の石炭化学工業の製品でした。石油が化学工業の原料のメインになる前は石炭が原料でした。石炭からカーバイドをつくってアセチレンガスを発生させ、それを原料にしていろいろなものをつくるという、石炭化学工業の1つの製品になっていくわけです。そのため、ベークライトは、石炭系の原料からつくられた、最初の完全なプラスチックになりました。

ベークライトをきっかけに、新しいプラスチックが盛んに研究されるようになったのです。

世界の4大プラスチックとは?

現在、世界のプラスチック生産量を多い順に並べると、ポリエチレン、ポリプロピレン、ポリ塩化ビニル、ポリスチレンです。これらを「4大プラスチック」と呼んでいます。

そして、これらはみんな熱可塑性の樹脂で、構造もとてもよく似ています。ポリスチレンは1900年代につくられたものなので、プラスチックとしては新しいものになります。発泡したものは発泡スチロールといわれます。

これらの原料の多くは、石炭から、石油や天然ガスに変わりました。原油を分留して得たナフサ（粗製ガソリン）中の、炭素原子と水素原子が結びついた炭化水素が原料なのです。

レジ袋とポリ容器、圧力をかけてつくるのはどっち？

身近なプラスチックで、ポリエチレンの話をしましょう。

ポリエチレンの製品で、私たちのまわりでよく見かけるのはレジ袋です。これはシートにしやすいだけでなく、そのシートとシートを熱で融着しやすいのです。そのため袋に加工しやすく、いろいろな形で使われています。

ポリエチレンは、2つの方法でつくられています。1つが高圧法。もう1つが低圧法です。

高圧法のほうが圧力たくさんかかり、しっかりしたポリエチレンになっているようなイメージを持ちませんか？

実はそうではありません。高圧法でつくるほうが低密度のポリエチレンになり、低圧法でつくるほうが高分子の枝分かれが少ないため、高密度のポリエチレンになります。

普通のレジ袋は低密度ポリエチレン、つまり高圧法でつくられます。そして、低圧法でつくられる高密度ポリエチレンは、不透明で硬く、ポリ容器などに使われます。

紙おむつの吸収力がすごいのはどうして？

機械装置などの分野で、金属などの代替材料として使われるプラスチックを「エンジニアリング・プラスチック（エンプラ）」といいます。強度、耐熱性、耐摩擦性に優れたさまざまなエンプラが開発されました。とくにポリカーボネート、ポリアミド、ポリアセタール、ポリフェニレンエーテル、ポリブチレンテレフタラートの5つは、

「5大エンプラ」と呼ばれています。

さらに、耐熱温度が150℃以上で高温に長時間さらされるような過酷な環境で使われるのが「スーパーエンジニアリングプラスチック（通称スーパーエンプラ）」です。

さまざまな機能を考えて分子設計がなされたプラスチック、機能性プラスチックも開発されています。身近なものに高吸水性樹脂があります。これは粉状をしたプラスチックの一種で、紙おむつに使われています。高吸水性樹脂0・5グラムに水100ミリリットルを加えるとゲル化して固まります。この樹脂は、自身の質量の数百倍もの水を吸収することができるのです。

プラスチックも土にかえる時代になった!?

プラスチックの一番の問題は、人間がつくったもののため、これらを食べ、エネルギーとする微生物がいないことです。そのため、なかなか分解されず、環境に残ってしまう。これが大きな問題になっています。安定で変化しにくいプラスチックは、使っているときは大変有用です。でも使用後は、その丈夫さ、強さゆえに大きな問題が生じます。それがプラスチック廃棄物の問題です。

自然環境中に散らばったプラスチック製品の中には、回収することが非常に困難なものが多くあります。水鳥の足に絡みついた釣り糸や、ウミガメなど海生生物の体内に蓄積したプラスチック製の袋や粒子などの、プラスチックごみは、野生動物の生命を脅かし、環境を傷つけていると問題になっています。

そこで、生分解性プラスチックの開発が進められています。生分解性プラスチックは、通常のプラスチックと同様に使うことができ、使用後は自然界に存在する微生物の働きで、最終的に水と二酸化炭素に分解されるプラスチックです。

畑で、作物の苗のまわり以外の土をおおう農業用のマルチフィルムとして、このプラスチックを使えば、土中で水と二酸化炭素に分解されます。また、家庭やレストランなどの食べ残しを回収する生ごみ袋や、使い捨てのお皿、飲み物カップに使えば、食べ残しなどと共に生分解性プラスチック製品も分解されて、堆肥などの資源にすることができます。

第13章

石油

石油、ガソリン、灯油、軽油、重油……違いは何？

人が使うエネルギー源はどう移り変わってきた？

有史以来、人類が燃料として使っていたものは、木、つまり薪《まき》や木炭です。やがて、木炭から石炭への転換が起こります。

鉄づくりには大量の木炭を消費します。そうすると森林を伐採していくことになるので、森林の減少、深刻な木の不足が起こるようになりました。

そのため、12〜13世紀にはイギリスやドイツでは石炭を本格的に採掘するようになりました。そして、石炭を蒸し焼きにしてコークスを使う近代製鉄に移行していきました。

やがて、石炭の消費量が飛躍的に増大し、産業革命が起こると、石炭を使って蒸気機関を動かしていくことになります。こうして石炭は人の生活で使われるエネルギーの中心になっていったわけですが、当時はまだ石油については、あまり知られていませんでした。

紀元前のエジプトでは、防腐材としてミイラの保存にアスファルトが使用されていましたが、石油の存在は知られずにいました。

世界で初めて石油が採掘されたのは、１８５９年のことです。アメリカ人技師ドレークが、蒸気機関を使って鉄管を打ち込みながら石油を採掘する方法を開発したのです。それで、１８５９年が、世界の石油産業誕生の年とされています。

電気の照明がなかった時代には、ランプ照明のために灯油が使われました。

次に自動車エンジンの燃料として、ガソリンが使われました。

とくに１９０３年、アメリカで自動車の大量生産がはじまり、ガソリンの需要が大きくなっていきました。

石油は、エネルギー源としてだけではなく、石油化学工業の原料としても重要です。20世紀後半からは、石油化学工業はそれまでの石炭化学工業に代わって、医薬品や染料、合成繊維、プラスチック、合成ゴムなどをつくる化学工業の中心になっていきます。

石油、ガソリン、灯油、軽油、重油……違いは何？

石油は簡単に言うと、炭素原子と水素原子が結びついた物質、つまり炭化水素の混合物です。結合した炭素原子の数によって、分子の性質が異なります。

石油のもとは原油といいますが、場所により原油の成分も違います。まず、原油を掘り出したら「分留」をします。

分留とは、沸騰する温度（沸点）の違いによって、成分を分ける方法です。

液化石油ガスＬＰＧといわれるものが炭素数3～4、物質としてはプロパンやブタン。

ガソリンが炭素数5～10、沸点30～１８０℃、自動車燃料ガソリンや石油化学工業の原料ナフサ。ナフサからはエチレン、プロピレン、ベンゼンなどの、石油化学工業の原料が得られます。

灯油が炭素数11～15、沸点１８０～２５０℃、家庭用燃料やジェット機燃料。

軽油が炭素数15～20、沸点２５０～３２０℃、ディーゼルエンジンの燃料。

残りが重油となり、船舶燃料に、また分留をした後に残るベトベトした固体状のものがアスファルトになります。

石炭から石油に、エネルギー源が移ったのはなぜ?

第二次世界大戦後に、中東には石油資源が豊富にあることが分かって開発され、またタンカーの大型化により、大量輸送も可能になりました。

輸送費が低い、燃やすのが簡単、パイプでいろいろなところに送ることができる、燃やした後に灰がほとんど出ない、といった燃料としての優秀性から、石油が石炭に取って代わり、大量に使われるようになりました。これが第1次エネルギー革命です。

そして、石炭化学工業から石油化学工業へと、化学製品をつくる原料も変わります。これが第2次エネルギー革命です。

しかし、第1次、第2次と分けない場合は、単に「エネルギー革命」といって、固体の石炭から流体(液体と気体)の石油と天然ガスへの転換を指します。場合によっては「エネルギーの流体化」といわれます。

私たちの時代は、道具としては鉄器文明時代の延長線上にありますが、動力源、いろいろなものをつくる原料、電気を起こすエネルギー源として石油を使うので、エネルギー的には石油文明の延長線上にあるともいえるでしょう。

2020年の世界の1次エネルギー消費量を見ると、石油31・2%、天然ガス24・7%、石炭27・2%、原子力4・3%、水力6・9%となっています。

現在は、石油中心の文明ですが、エネルギーとしては石炭もまだまだ利用されています。

日本での石炭の採掘は、今でも北海道でわずかに行われていますが、日本で使われている石炭のほとんどは、外国からの輸入品です。

石油のもとは、生物の死骸だった!?

石油がどのようにしてできたのか、これについては、今でも謎があり、不明なことが多いのです。生物起源説と非生物起源説があります。非生物起源説は、無機成因説ともいいます。生物は関係ないという意味なのですが、有力なのは生物起源説です。石油の中に、ヘモグロビン(私たちの赤血球の中にある、酸素をくっつけて運ぶ赤い色素)をつくっている輪っか状の分子と同じようなものが含まれているからです。生物由来でなければそういったものは含まれないだろうと考えられるため、生物起源説が有力視されています。

生物起源説の中でも「ケロジェン説」が最も有力です。これは、生物の死体が海底や湖底に堆積した後、ケロジェンというものになってから石油になったという考えです。

非生物起源説(無機成因説)は、地球ができたときに閉じ込められた炭化水素が熱と圧力で変成してできたという考えです。太陽系ができたとき、すでに石油のもとになるような炭化水素が、地球の中心にあったのではないかという説です。それが、地中でいろいろな反応を起こしながら、地面のほうにじわじわと染み出しているのではないかと考えるわけです。生物が昔存在していなかったと考えられるような場所でも油田が見つかるため、こちらの説も完全に否定することはできません。

1バレルって、何リットル？

バレルという単位は、イギリスやアメリカでも、法律上は認められていません。しかし、法律上の単位として認められていなくても、「ヤード」は一部の国では当たり前に使われていますね。「バレル」も石油業界の中ではかなり使われています。

これは、昔の石油は木製のお酒の空き樽《だる》に詰めて運び、その樽単位で取引したことからきていて、1バレルはその樽1つの中に含まれる石油ということになります。

石油の場合、1バレルは159リットル。普通のドラム缶が約180リットルなので、それより1割程度少ない量です。

石油はあと何年で枯渇する？

昔はよく、あと20年、40年で石油が採れなくなるという話を聞きませんでしたか？

私は高校生のとき、担任が化学の先生で、黒板に「石油はあと30年」と書いたことに、とても驚きました。

例えば18歳で30年後とすると、働き盛りの48歳のときに石油がなくなっているという話になります。

調べてみるとこれは、可採年数というものです。しかし、実際に地下を掘って、石油の埋蔵量を調べているわけではありません。推定値を、石油生産量という実際に年間で生産した量で割った数字が可採年数とされました。

２０１８年だとしたら、ちょうど50年が可採年数になります。私の若い頃は30年といわれ、その後30年経過すると、あと40年。今のところ40年、50年という可採年数が維持されています。

おそらく２０１８年から50年経《た》っても石油が採れなくなるということはないと私は考えます。

その間に、新たな石油資源が発見、確認され、さらに省エネルギーと別のエネルギーへの転換が進むことが考えられるからです。

また、岩石の中に染み込んでいる石油や、岩石と岩石の隙間に入っているガスなどを取り出す、新しい採掘方法が発見される可能性もあります。オイルサンドやオイルシェール（石油熟成前の岩石）から石油を抽出する技術が発展し、そこから採れる石油も商業ベースに乗るようになっています。

２０１１年の福島の原発事故で、日本の原子力発電が止まったときは、その分の発電を、石油や石炭、天然ガスの輸入によって間に合わせないといけませんでした。そのとき、アメリカはシェール革命が行われていたので、日本は石油、天然ガス、石炭をアメリカから輸入し、何とかしのげたのです。

石油は採掘から、輸送、精製、石油製品の消費に至るまで、環境問題と切っても切れない関係があり、とくに大気汚染、地球温暖化の問題といつも結びついています。

「温室効果ガスは悪玉だ」と思っていませんか？

「温室効果ガスは悪玉だ」というイメージを持っていませんか？

基本的に温室効果ガスは悪玉ではありません。温室効果ガスのおかげで地球の平均気温は14℃に保たれています。

地球は太陽光線によって温められています。地球は温められると、赤外線を放つこと（赤外線を放射すること）によって、宇宙に熱を逃がしています。赤外線を放つと、地球は冷めることになります。地球の温度は、太陽からの日射のエネルギーと、地表や大気によって放射される赤外線のエネルギーのバランスによって決まります。

地表、そして地表付近の大気が温められます。

放射された赤外線は、すべて宇宙空間に放出されるわけではなく、一部は温室効果ガスによって吸収され、再び地表に向かって放出されます。温室効果ガスによって、地表、そして地表付近の大気が温められます。

もし大気中に温室効果ガスがなかったら、地球の平均気温はマイナス19℃とされています。実際は14℃ですから、差し引き33℃分は温室効果ガスのおかげなのです。

地球を温めている温室効果ガスの主役は水蒸気です。大まかに、水蒸気の温室効果ガスとしての寄与率は48％、二酸化炭素は21％、雲（水滴や氷の粒）は19％、オゾンは6％、その他5％と考えられています。

理系の大学生に、「地球の大気は温室効果ガスのおかげで温められています。では、〝温室効果ガスで最も温室効果に寄与しているのは二酸化炭素です〟は〇か×か」を聞くと、間違える学生が多いです。

学生たちは、水蒸気が温室効果ガスの主役だということを知らないか、ニュースなどで見聞きする「地球温暖化は二酸化炭素などの温室効果ガスのせい」という情報から、二酸化炭素のほうが地球温暖化の主役だと思い込んでしまったのでしょう。

しかし、地球温暖化問題では二酸化炭素が主役になっています。これはどうしてでしょうか?

地球の気候は長期的に変動します。現在、国際的に心配されているのは、地球全体の平均気温が上がりはじめている現象です。これを「地球温暖化（あるいは単に温暖化）」といいます。

地球温暖化は、人間の活動が活発になるにつれて温室効果ガスが大気中に大量に放出されることで起こっていると考えられています。

そこで登場するのが、主に二酸化炭素（CO_2）とメタン（CH_4）、亜酸化窒素（N_2O）、フロンの4種類です。全部温室効果ガスです。

中でも問題になるのは二酸化炭素。1760年代からはじまった産業革命で、動力装置を人力・動物力、水力から化石燃料（石炭、石油、天然ガス）で動かすようになり、また、交通の発達によって工場や発電所、自動車、航空機、さらに一般家庭から多量の二酸化炭素が出るようになりました。

これらは人間活動による二酸化炭素排出です。

大気中の二酸化炭素は、産業革命前の280ppm（0・028％）から、今では400ppmを超えています。

温室効果の寄与率が48％の水蒸気を問題にしないで、二酸化炭素などを問題にするのは、水蒸気は自然のしくみによって増減するからです。それに対して二酸化炭素は、人間活動によって排出量が増え続けて、地球温暖化に大きな影響を与えていると考えられているので対策がとられているのです。

人間活動によって排出される水蒸気は、大気、海洋、雪氷、陸水（川や湖など陸の水分）などの中を循環する水の量に対して無視できる量でしかありません。

人間活動によって排出される二酸化炭素の増大で、地球の温度が上がると水蒸気の量が増え、その温室効果でも温まります。ＩＰＣＣ（気候変動に関する政府間パネル。国際的な専門家でつくる、地球温暖化についての科学的な研究の収集、整理のための政府間機構）の評価報告書も、このような「二酸化炭素量の増大→地球の温度上昇→水蒸気量の増大→地球の温度上昇」を織り込んでいます。

二酸化炭素以外にもメタン、亜酸化窒素、フロンが削減対象です。

二酸化炭素に次いで影響を心配されているメタンは、酸素のない環境下で有機物が分解されると発生します。湿地帯や田んぼ、ごみの埋め立て地からの発生の他に、豚や羊などの家畜からの発生もあります。オーストラリアでは羊にワクチン接種をして、食物消化によるメタン発生を減らしています。

化学は今、グリーンケミストリーを目指しています。グリーンケミストリーとは、有害な物質を出さない、廃棄物の発生量を抑える、エネルギーや資源を効率よく利用する、事故が起こらない方法を考える、環境汚染がないことをチェックして進めていく、以上の5点を目指した化学です。

謝辞

最後になりますが、原稿にアドバイスをいただいた『ＲｉｋａＴａｎ（理科の探検）』誌委員有志の井上貫之さん・久米宗男さん・シ（暗黒通信団）さん・髙野裕惠さん・平賀章三さん・森垣良平さん・安居光國さん・寄木康彦さん（五十音順）、編集を担当してくださった大澤桃乃さんに感謝申し上げます。

著者略歴

左巻健男（さまき・たけお）

東京大学非常勤講師。元法政大学生命科学部環境応用化学科教授。『理科の探検（RikaTan）』編集長。専門は理科教育、科学コミュニケーション。1949年生まれ。千葉大学教育学部理科専攻（物理化学研究室）を卒業後、東京学芸大学大学院教育学研究科理科教育専攻を修了。中学校理科教科書（新しい科学）編集委員。大学で教鞭を執りつつ、精力的に理科教室や講演会の講師を務める。おもな著書に、『絶対に面白い化学入門 世界史は化学でできている』（ダイヤモンド社）、『中学生にもわかる化学史』（ちくま新書）、『面白くて眠れなくなる化学』（PHP研究所）、『一度読んだら絶対に忘れない化学の教科書』（小社刊）、『学校に入り込むニセ科学』（平凡社新書）などがある。

SB新書　631

化《か》学《がく》で世《せ》界《かい》はすべて読《よ》み解《と》ける

人類史《じんるいし》、生命《せいめい》、暮《く》らしのしくみ

2023年10月15日　初版第1刷発行

著　　者　左巻健男《さまきたけお》
発 行 者　小川 淳
発 行 所　SBクリエイティブ株式会社
〒106-0032　東京都港区六本木2-4-5
電話：03-5549-1201（営業部）

装　　丁
本文デザイン　杉山健太郎
カバーイラスト　米村知倫
D　T　P
目次・章扉　アーティザンカンパニー株式会社
校　　正　有限会社あかえんぴつ
編集協力　森田葉子
印刷・製本　大日本印刷株式会社

本書をお読みになったご意見・ご感想を下記URL、
または左記QRコードよりお寄せください。
https://isbn2.sbcr.jp/22473/

ISBN 978-4-8156-2247-3